全国技工院校 3D 打印技术应用专业教材（中 / 高级技能层级）
全国技工院校工学一体化技能人才培养教材

3D 打印设备操作与维护
（学生用书）

王继武　主编

中国劳动社会保障出版社

简介

本书为全国技工院校 3D 打印技术应用专业教材（中 / 高级技能层级）《3D 打印设备操作与维护》的配套用书，供学生课堂学习和课后练习使用。本书按照教材的任务顺序编写，每个任务都包括“学习任务”“资讯学习”“任务准备”“任务实施”“展示与评价”和“复习巩固”等环节。本书关注学生的学习过程，强调知识、技能的同步提升，适合技工院校 3D 打印技术应用专业教学使用，也可作为工学一体化技能人才培养用书。

本书由王继武任主编，费依冰、孙莉铭、马会杰、田喆、赵宏、张效梁参加编写，张冲任主审。

图书在版编目（CIP）数据

3D 打印设备操作与维护 : 学生用书 / 王继武主编. -- 北京 : 中国劳动社会保障出版社，2023

全国技工院校 3D 打印技术应用专业教材. 中 / 高级技能层级

ISBN 978-7-5167-5706-2

Ⅰ. ① 3…　Ⅱ. ①王…　Ⅲ. ①快速成型技术 - 设备检修 - 技工学校 - 习题集　Ⅳ. ① TB4-44

中国国家版本馆 CIP 数据核字（2023）第 045923 号

中国劳动社会保障出版社出版发行

（北京市惠新东街 1 号　邮政编码：100029）

*

北京市科星印刷有限责任公司印刷装订　　新华书店经销

787 毫米 ×1092 毫米　16 开本　11.25 印张　235 千字

2023 年 4 月第 1 版　　2023 年 4 月第 1 次印刷

定价：24.00 元

营销中心电话：400-606-6496

出版社网址：http://www.class.com.cn

http://jg.class.com.cn

目录

CONTENTS

模块一 FDM 工艺 3D 打印设备操作与维护

模块二 SL 工艺 3D 打印设备操作与维护

* 模块三 SLS 工艺 3D 打印设备操作与维护

注：* 为选修内容。

*模块四 SLM 工艺 3D 打印设备操作与维护

模块一

FDM 工艺 3D 打印设备操作与维护

任务一 绘制 FDM 工艺 3D 打印设备结构原理图

学习任务

FDM 工艺 3D 打印设备是最典型和常用的 3D 打印设备，本任务主要是在掌握 FDM 工艺 3D 打印设备安全操作规程和车间安全文明生产要求的同时，通过绘制 FDM 工艺 3D 打印设备的结构原理图，熟悉设备的传动结构和控制系统，为后续的组装、操作与维护奠定基础。

资讯学习

1. 正确着装，并讲一讲进入 FDM 工艺 3D 打印车间或实训室的正确着装要求。

2. FDM 工艺 3D 打印设备的使用注意事项

（1）静电敏感。3D 打印设备对静电比较敏感，在操作 3D 打印设备前，应通过接触接地等方式将身体上的静电释放掉，在对 3D 打印设备进行维修和调整时，应将电源关闭。

（2）高温危险。FDM 工艺 3D 打印设备内有加热装置，维修前应保证其自然冷却至常温。

（3）挤压伤害。FDM 工艺 3D 打印设备的可动部件可能会造成卷入挤压和切割等机械伤害，操作时应注意安全，并确保不戴线手套或手上无缠绕物。

（4）刺激性气味。FDM 工艺 3D 打印设备在工作温度下可能会产生刺激性气味，使用时应保持环境的通风和开放。

讨论并在老师的指导下回答：为什么 3D 打印设备要防静电？

3. 查阅资料并在老师的指导下回答：目前绝大多数桌面级箱体式结构 FDM 工艺 3D 打印设备的机架材料是什么？你认为哪种材料好？为什么？

4. 讨论并在老师的指导下回答：打印前，要求将桌面级箱体式结构 FDM 工艺 3D 打印设备放在一个固定、结实、平坦的平面上，为什么？

任务准备

1. 完成分组与工作计划制订，并记录在表 1-1-1 中。

▼ 表 1-1-1　小组成员与工作计划

任务名称	目标要求	组员姓名	任务分工	备注
	1. 小组成员分工合作 2. 制订工作的方法与步骤 3. 完成任务			组长

续表

完成任务的方法与步骤	

2. 根据任务要求，以小组为单位领取一台 FDM 工艺 3D 打印设备和一盘耗材及防护用品，组员将领到的物品的铭牌或标签主要信息填写在表 1–1–2 中，组长签名确认。

▼ 表 1–1–2　打印设备、耗材及防护用品清单

序号	类别	铭牌或标签主要信息	组长签名
1	打印设备		
2	耗材		
3	防护用品		

3. 查阅教材，确定小组领取的 FDM 工艺 3D 打印设备的结构类型，了解不同结构类型 FDM 工艺 3D 打印设备的结构特点。

（1）小组领取的 FDM 工艺 3D 打印设备属于________________结构类型。

（2）在老师的指导下将不同结构类型 FDM 工艺 3D 打印设备的特点填写在表 1–1–3 中。

▼ 表 1–1–3　不同结构类型 FDM 工艺 3D 打印设备的特点

序号	结构类型	特点
1	箱体式结构	
2	龙门式结构	
3	三角洲结构	

4. 对照小组领取的 FDM 工艺 3D 打印设备，了解其电路系统组成，在老师的指导下总结各组成部分的作用并填写在表 1-1-4 中。

▼ 表 1-1-4　电路系统的组成与说明

序号	名称	说明
1	电源	
2	主控板	
3	操作面板	
4	步进电动机	
5	限位开关	
6	散热风扇	
7	加热棒	
8	热电偶	
9	热床	

5. 讨论并在老师的指导下回答：为什么箱体式结构 FDM 工艺 3D 打印设备通常使用直线导轨？直线导轨用于箱体式结构 FDM 工艺 3D 打印设备有什么优点？

任务实施

1. 安全文明生产检查

按照安全管理制度和操作规程要求检查和维护保养防护用品，发现有损坏或不能达到防护作用时应及时更换。规范穿戴相关防护用品后，以小组为单位由组长进行检查，将检查结果记录在表 1-1-5 中，并签名确认。

▼ 表 1-1-5　安全检查表

姓名		组长签名	
序号	**项目**	**记录**	
1	熟读设备安全操作规程和安全文明生产要求	是□　否□	
2	检查工作服、防护手套、护目镜是否已穿戴好	是□　否□	
3	检查身上饰物是否已摘掉	是□　否□	
4	检查鞋子是否防滑、防扎、防砸	是□　否□	
5	检查工作帽佩戴是否正确	是□　否□	
6	检查是否已把长发盘起并塞入工作帽内	是□　否□	
7	检查防毒口罩、防尘口罩佩戴是否正确	是□　否□	

2. 学习车间安全操作规程

操作规程一般是指相关部门为保证本部门的生产、工作能够安全、稳定、有效运转而制定的，相关人员在操作设备或办理业务时必须遵循的程序或步骤。新员工必须按照操作规程操作，避免发生错误或带来不必要的损失。

根据表 1-1-6 完成 FDM 工艺 3D 打印设备安全操作规程主要内容的学习，完成相应内容的学习后在对应位置打“√”。

▼ 表 1-1-6　FDM 工艺 3D 打印设备安全操作规程主要内容

序号	内容	完成情况
1	班前检查上一班次设备交接班记录	□
2	操作员在上岗操作前必须经过培训，熟悉设备的结构、性能和工作原理，掌握设备基本操作和基本配置，合格后方可上岗	□
3	开机前保证设备放置平稳，电源接通接地可靠	□
4	通电前检查漏电保护器、地线、电缆、开关，确认无误后，合上开关通电	□
5	设备上不能放置其他物品，以免损伤设备，发生事故	□
6	更换耗材前，应加热充分后再将丝材轻轻拉出，切勿在加热不充分的情况下硬拉，以免损坏设备	□
7	打印过程中应有专人看管，以免乱丝后无人处理导致设备损坏，甚至出现故障后引起火灾	□
8	乱丝后应根据其乱丝程度，暂停并修复，或停机清理干净重新打印	□
9	打印过程中勿频繁打开成形室门，禁止将头、手或身体其他部位伸入成形室内	□
10	打印过程中或刚结束时，成形室处于高温状态，禁止身体任何部位触碰	□
11	应等成形室内温度降低至 50 ℃以下后，再进行取件、清理等操作	□
12	若发热异常，应及时关闭设备电源；若引起火情，应及时关闭总开关，拨打 119 报警，用沙和二氧化碳灭火器灭火	□
13	禁止带电检修设备	□
14	打印结束后，应关闭设备电源，清理工具，待工作台冷却接近常温后，再清理设备，打扫工作场地	□
15	按设备维护保养规定做好设备维护保养工作，并认真填写设备维护保养记录表	□
16	操作过程中如有异常情况，应立即停机断电，并及时上报	□
17	若设备发生事故，操作员应注意保护现场，并向管理员如实说明事故发生前后的情况，以利于分析问题，查找事故原因，防止事故进一步扩大，避免以后发生类似事故；管理员应立即将事故情况上报	□
18	违反以上安全操作规程，使设备发生事故而导致设备损坏的，应按规定处理并赔偿损失	□

3. 学习车间“6S”管理制度

“6S”管理是现代工厂行之有效的现场管理理念和方法，其作用是提高效率，确保安全，保证质量，使工作环境整洁有序。

根据表 1-1-7 完成“6S”管理制度的学习，完成相应内容的学习后在对应位置打“√”。

▼ 表 1-1-7 “6S”管理制度的内容

序号	内容	完成情况
1	整理（SEIRI）——要与不要，留弃果断。将工作场所的物品分为有必要和没有必要两类，除了有必要的留下来，其他的都清除掉。整理的目的是腾出空间，活用空间，防止误用，塑造清爽的工作场所	□
2	整顿（SEITON）——科学布局，取用快捷。把留下来的必要物品按规定位置摆放整齐并加以标识。整顿的目的是使工作场所一目了然，消除寻找物品的时间，消除过多的积压物品	□
3	清扫（SEISO）——清除垃圾，美化环境。将工作场所内看得见和看不见的地方清扫干净，保持工作场所干净。清扫的目的是稳定品质，减少工业伤害	□
4	清洁（SEIKETSU）——形成制度，贯彻到底。将整理、整顿、清扫进行到底，并且制度化，保持环境外在清洁美观的状态。清洁的目的是创造明朗现场，维持上面“3S”成果	□
5	安全（SECURITY）——安全操作，生命第一。重视成员安全教育，每时每刻都有“安全第一”的观念，防患于未然。安全的目的是建立起安全生产的环境，所有的工作应建立在安全的前提下	□
6	素养（SHITSUKE）——养成习惯，以人为本。每位成员养成良好的习惯，并按规则做事，培养积极主动的精神（也称习惯性）。素养的目的是培养有好习惯、遵守规则的员工	□

4. 认识 FDM 工艺 3D 打印设备

以箱体式结构 FDM 工艺 3D 打印设备为例，小组讨论并叙述机械系统各部分的名称及其作用，由组长或组员判定叙述是否正确并填写在表 1-1-8 中。

▼ 表 1-1-8　箱体式结构 FDM 工艺 3D 打印设备的机械系统组成

序号	名称	说明	叙述是否正确
1			是□　否□
2			是□　否□
3			是□　否□

续表

序号	名称	说明	叙述是否正确
4			是□　否□
5			是□　否□
6			是□　否□
7			是□　否□
8			是□　否□

5. 老师操作 FDM 工艺 3D 打印设备打印一个产品，全体同学进行观摩。通过观摩，叙述 FDM 工艺 3D 打印设备的工作原理。

6. 通过观摩、讨论并在老师的指导下回答：FDM 工艺 3D 打印设备的工作原理和数控铣床的工作原理有什么区别？

7. 回顾机械基础课程所学知识，观察同步带传动和滚珠丝杠螺旋传动，分析两者的优缺点并填写在表 1-1-9 中。

▼ 表 1-1-9　同步带传动和滚珠丝杠螺旋传动的优缺点比较

传动类型	优点	缺点
同步带传动		
滚珠丝杠螺旋传动		

8. 查阅资料，并与数控铣床对比，绘制 FDM 工艺 3D 打印设备的结构原理图。

9. 查阅资料，收集市场上主流的桌面级箱体式结构 FDM 工艺 3D 打印设备的品牌和价格。

展示与评价

一、成果展示

1. 以小组为单位派代表介绍本组的学习成果，听取并记录其他小组对本组学习成果的评价和建议。

2. 根据其他小组对本组展示成果的评价意见进行归纳总结，完成表 1–1–10 的填写。

▼ 表 1–1–10　组间评价表

姓名		组长签名	
项目		记录	
本小组的信息检索能力如何？		良好□　一般□　不足□	
本小组介绍成果时，表达是否清晰合理？		很好□　需要补充□　不清晰□	
本小组成员的团队合作精神如何？		良好□　一般□　不足□	
本小组成员的创新精神如何？		良好□　一般□　不足□	

掌握的技能：

出现的问题：

解决的方法：

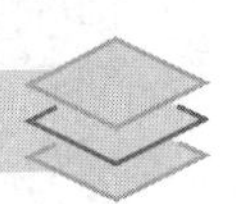

二、任务评价

先按表 1-1-11 所列项目进行自评，再由组长对组员进行评价，将结果填入表中。

▼ 表 1-1-11　任务评价表

<table>
<tr><td>班级</td><td></td><td>姓名</td><td></td><td>学号</td><td></td><td>日期</td><td>年　月　日</td></tr>
<tr><td>序号</td><td colspan="5">评价要点</td><td>配分</td><td>自评</td><td>组长评</td></tr>
<tr><td>1</td><td colspan="5">能说出车间场地管理要求</td><td>10</td><td></td><td></td></tr>
<tr><td>2</td><td colspan="5">能说出车间常用设备安全操作规程</td><td>10</td><td></td><td></td></tr>
<tr><td>3</td><td colspan="5">防护用品穿戴整齐，符合着装要求</td><td>10</td><td></td><td></td></tr>
<tr><td>4</td><td colspan="5">了解 FDM 工艺 3D 打印设备的工作原理</td><td>40</td><td></td><td></td></tr>
<tr><td>5</td><td colspan="5">安全意识、责任意识强</td><td>6</td><td></td><td></td></tr>
<tr><td>6</td><td colspan="5">积极参加学习活动，按时完成各项任务</td><td>6</td><td></td><td></td></tr>
<tr><td>7</td><td colspan="5">团队合作意识强，善于与人交流和沟通</td><td>6</td><td></td><td></td></tr>
<tr><td>8</td><td colspan="5">自觉遵守劳动纪律，不迟到、不早退、中途不离开实训现场</td><td>6</td><td></td><td></td></tr>
<tr><td>9</td><td colspan="5">严格遵守“6S”管理要求</td><td>6</td><td></td><td></td></tr>
<tr><td colspan="6">总计</td><td>100</td><td></td><td></td></tr>
<tr><td>小结
建议</td><td colspan="8"></td></tr>
</table>

复习巩固

一、填空题

1. FDM 工艺 3D 打印设备按照传动结构不同主要分为________结构、________结构和________结构等类型。

2. FDM 即____________成形，是目前发展最成熟、应用最广泛的快速成形技术。

3. 箱体式结构 FDM 工艺 3D 打印设备又称为________式 FDM 工艺 3D 打印设备。

4. 龙门式结构 FDM 工艺 3D 打印设备采用________结构，________________定义为 X 方向，________________定义为 Y 方向，Z 方向配置双电动机，通过丝杠带动喷头模组实现________移动。

5. 三角洲结构 FDM 工艺 3D 打印设备又称为________结构 FDM 工艺 3D 打印设备。三角洲结构是通过一系列互相连接的________________机构控制喷头模组在 *X*、*Y*、*Z* 轴上的运动。

6. FDM 工艺 3D 打印设备主要通过____________、____________和____________三大模块实现控制。

7. FDM 工艺 3D 打印设备的主控板一般包括________________________、________________________、传感器模块、________________及各种________________等元件。

8. FDM 工艺 3D 打印设备的操作面板是实现人机对话的纽带，主要功能包括________________、________________与存储卡读取等。

9. FDM 工艺 3D 打印设备的散热风扇常使用____________，其工作方式是叶片推动空气沿与轴相同的方向流动。

10. FDM 工艺 3D 打印设备的加热棒是在无缝金属管（如碳钢管、钛管、不锈钢管、铜管）内装入________，空隙部分填满良好导热性和绝缘性的氧化镁粉末后缩管而成，再加工成所需要的各种形状。

11. 热电偶是温度测量仪表中常用的________元件，它直接测量温度，并把温度信号转换为热电动势信号，通过电气仪表转换为被测对象的温度，一般与显示仪表、记录仪表及电子调节器配套使用。

12. FDM 工艺 3D 打印设备的软件系统主要包括__________和 PC 端的数据处理软件、__________________。

二、判断题

1. FDM 工艺 3D 打印设备机架材质的选择主要考虑美观，由于 FDM 工艺 3D 打印设备一般都较小，因此对强度没有要求。（　）

2. FDM 工艺 3D 打印设备对环境没有要求。（　）

3. 由于 FDM 工艺 3D 打印设备操作简单，因此操作员无需持证上岗。（　）

4. FDM 工艺 3D 打印设备的操作员在上岗操作前必须穿戴好防护用品并按操作规程进行操作。（　）

5. FDM 工艺 3D 打印设备在开机前要保证打印设备放置平稳，电源接通接地可靠，否则容易引发安全事故。（　）

6. 由于 FDM 工艺 3D 打印设备可以在办公条件下使用，因此不存在烫伤、挤压伤等操作危险性。（　）

7. FDM 工艺 3D 打印设备中使用带传动是因其精度比螺旋传动的精度高。（　）

8. 打印设备是发热设备，打印过程要有专人看管，以免乱丝后无人处理损坏设备，甚至出现故障后引起火灾。（　）

9. FDM 工艺 3D 打印设备在打印过程中严禁频繁打开成形室门，禁止将头、手或身体其他部位伸入成形室内。 （ ）

10. 应等 3D 打印设备的成形室内温度降低至 50 ℃以下后，才能进行取件、清理等操作。 （ ）

11. 由于 FDM 工艺 3D 打印设备一般使用 220 V 民用电，因此允许带电检修设备。 （ ）

三、单项选择题

1.（ ）不属于 FDM 工艺 3D 打印设备的传动结构类型。

A. 箱体式结构 B. 龙门式结构 C. 三角洲结构 D. 框架式结构

2.（ ）的含义是熔融沉积成形。

A. ABS B. FDM C. PLA D. SLS

3.（ ）FDM 工艺 3D 打印设备是通过一系列互相连接的平行四边形机构控制喷头模组在 X、Y、Z 轴上的运动。

A. 箱体式结构 B. 龙门式结构 C. 三角洲结构 D. 框架式结构

4. FDM 工艺 3D 打印设备的电路系统中，（ ）的作用主要是集成微处理器、电动机驱动模块、传感器模块、通信模块及各种输入输出接口等元件。

A. 电源 B. 主控板 C. 操作面板 D. 步进电动机

5. FDM 工艺 3D 打印设备的散热常使用（ ）。

A. 轴流风扇 B. 压缩空气风扇 C. 冷却水 D. 自然风冷

四、简答题

1. FDM 工艺 3D 打印设备的电路系统主要包括哪些部件？

2. FDM 工艺 3D 打印设备上所使用的加热棒有什么特点？

任务二　组装 FDM 工艺 3D 打印设备

学习任务

箱体式结构 FDM 工艺 3D 打印设备是最常见且结构简单的 3D 打印设备，本任务以 3DP-240 型 3D 打印设备为例，通过完成箱体式结构 FDM 工艺 3D 打印设备机械结构和电路系统的组装，掌握其组装流程和组装技能。

资讯学习

1. 回顾本模块任务一，在老师的指导下说一说箱体式结构 FDM 工艺 3D 打印设备的机械结构组成。

2. 讨论并在老师的指导下回答：组装 FDM 工艺 3D 打印设备前应做哪些准备工作?

3. 在老师的指导下回答：目前桌面级箱体式结构 FDM 工艺 3D 打印设备的 X、Y 轴多采用什么传动方式？Z 轴多采用什么传动方式?

4. 观察箱体式结构 FDM 工艺 3D 打印设备，在老师的指导下回答：组装箱体式结构 FDM 工艺 3D 打印设备所需的常用工具有哪些？

5. 回顾本模块任务一，在老师的指导下讨论箱体式结构 FDM 工艺 3D 打印设备各机械结构主要部件的作用并填写在表 1-2-1 中。

▼ 表 1-2-1　箱体式结构 FDM 工艺 3D 打印设备各组成部件的作用

结构模块	主要部件	作用
机架模块	电源	
	主控板	
	驱动板	
Z 轴系统模块	*Z* 轴光轴和直线运动球轴承	
	Z 轴丝杠步进电动机	
	电路保护盖板	
	Z 轴限位开关	
XY 轴系统模块	同步带轮和同步带	

续表

结构模块	主要部件	作用
XY 轴系统模块	X、Y 轴光轴和直线运动球轴承	
	X、Y 轴限位开关	
	喷头滑块	
喷出模组	送丝步进电动机和送丝轮	
	喷头组件	
	散热风扇和散热片	
外壳模块	各个方向的盖板	
	电源插座	
	显示屏	

6. 讨论并在老师的指导下回答：为什么在 FDM 工艺 3D 打印设备的机架橡胶底脚安装过程中，橡胶底脚不能拧得太紧？

7. 讨论并在老师的指导下回答：为什么打印设备的 X、Y、Z 轴都采用直线运动球轴承？直线运动球轴承的优点是什么？缺点是什么？

8. 讨论并在老师的指导下回答：为什么 X、Y、Z 轴的光轴一般都是两根？

9. 查阅资料并在老师的指导下说一说限位开关的原理。

10. 查阅资料并在老师的指导下说一说热敏电阻的原理。

11. 查阅资料并在老师的指导下说一说加热棒的原理。

12. 回顾本模板任务一，在老师的指导下说一说箱体式结构 FDM 工艺 3D 打印设备的电路系统组装主要包括哪些内容。

任务准备

1. 完成分组与工作计划制订，并记录在表 1-2-2 中。

▼ 表 1-2-2　小组成员与工作计划

<table>
<tr><th>任务名称</th><th>目标要求</th><th>组员姓名</th><th>任务分工</th><th>备注</th></tr>
<tr><td rowspan="6"></td><td rowspan="6">1. 小组成员分工合作
2. 制订工作的方法与步骤
3. 完成任务</td><td></td><td></td><td>组长</td></tr>
<tr><td></td><td></td><td></td></tr>
<tr><td></td><td></td><td></td></tr>
<tr><td></td><td></td><td></td></tr>
<tr><td></td><td></td><td></td></tr>
<tr><td></td><td></td><td></td></tr>
<tr><td>完成任务的方法与步骤</td><td colspan="4"></td></tr>
</table>

2. 根据任务要求，以小组为单位领取工具、材料及防护用品等，组员将领到的物品归纳分类并填写在表 1-2-3 中，组长签名确认。

▼ 表 1-2-3　工具、材料及防护用品清单

<table>
<tr><th>序号</th><th>类别</th><th>准备内容</th><th>组长签名</th></tr>
<tr><td>1</td><td>工具</td><td></td><td rowspan="3"></td></tr>
<tr><td>2</td><td>材料</td><td></td></tr>
<tr><td>3</td><td>防护用品</td><td></td></tr>
</table>

3. 根据表 1-2-4 列出的箱体式结构 FDM 工艺 3D 打印设备的零件清单，检查零件及其数量、规格等是否符合要求。

▼ 表 1-2-4　零件清单

结构模块	序号	零件名称	数量	规格	数量和规格是否符合要求
机架模块	1	铝型材支架	4 根		是□　否□
	2	底板	1 块		是□　否□
	3	橡胶底脚	4 个		是□　否□
	4	双通六角隔离柱	8 个	24 V，10 A	是□　否□
	5	主控板	1 块		是□　否□
	6	驱动板	1 块		是□　否□
	7	电源	1 个		是□　否□
Z 轴系统模块	8	*Z* 轴 8 mm 光轴	2 根		是□　否□
	9	*Z* 轴限位开关	1 个		是□　否□
	10	*Z* 轴丝杠步进电动机	1 个		是□　否□
	11	电路保护盖板	1 块		是□　否□
	12	光轴固定块	4 块		是□　否□
	13	*Z* 轴固定架	1 个		是□　否□
	14	工作台支架	1 个		是□　否□
	15	工作台	1 块		是□　否□
	16	压缩弹簧	4 个		是□　否□
	17	直线运动球轴承	2 个		是□　否□
	18	梯形螺母	1 个	Tr8×2—7H	是□　否□
	19	*Z* 轴限位板	1 块		是□　否□
XY 轴系统模块	20	限位开关	2 个		是□　否□
	21	限位开关支架	1 个		是□　否□
	22	电动机固定块	1 块		是□　否□
	23	*X* 轴步进电动机	1 个		是□　否□
	24	*Y* 轴步进电动机	1 个		是□　否□

续表

结构模块	序号	零件名称	数量	规格	数量和规格是否符合要求
XY 轴系统模块	25	X 轴电动机滑块	1 块		是□　否□
	26	喷头滑块	1 块		是□　否□
	27	X 轴滑块	1 块		是□　否□
	28	光轴固定块	4 块		是□　否□
	29	轴套	4 块		是□　否□
	30	同步带轮	6 个		是□　否□
	31	同步带	若干		是□　否□
	32	扭转弹簧	3 个		是□　否□
	33	8 mm 光轴	4 根		是□　否□
	34	6 mm 光轴	2 根		是□　否□
	35	Y 轴固定片	4 块		是□　否□
	36	滚动轴承	4 个		是□　否□
	37	直线运动球轴承	4 个		是□　否□
	38	孔用弹性挡圈	4 个		是□　否□
喷头模组	39	送丝轮	1 个		是□　否□
	40	压丝轮	1 个		是□　否□
	41	压丝轮连接杆	1 个		是□　否□
	42	喷头模组安装块	1 个		是□　否□
	43	喷头组件	1 个		是□　否□
	44	散热风扇	1 个		是□　否□
	45	送丝步进电动机	1 个		是□　否□
	46	散热片	1 个		是□　否□
	47	压缩弹簧	1 个		是□　否□
外壳模块	48	上盖	1 个		是□　否□
	49	左端盖	1 个		是□　否□
	50	右端盖	1 个		是□　否□
	51	前面板	1 个		是□　否□

续表

结构模块	序号	零件名称	数量	规格	数量和规格是否符合要求
外壳模块	52	背板	1个		是□　否□
	53	电源插座	1个		是□　否□
	54	双通六角隔离柱	2个		是□　否□
	55	显示屏	1个		是□　否□
	56	按钮	3个		是□　否□
紧固件	57	螺钉 1（内六角圆柱头螺钉）	若干	M4×10	是□　否□
	58	螺钉 2（内六角圆柱头螺钉）	若干	M3×10	是□　否□
	59	螺钉 3（内六角圆柱头螺钉）	若干	M6×15	是□　否□
	60	螺钉 4（内六角圆柱头螺钉）	若干	M5×25	是□　否□
	61	螺钉 5（内六角圆柱头螺钉）	若干	M5×15	是□　否□
	62	螺钉 6（内六角沉头螺钉）	若干	M4×30	是□　否□
	63	螺钉 7（内六角平端紧定螺钉）	若干	M2×5	是□　否□
	64	螺钉 8（内六角圆柱头螺钉）	若干	M3×35	是□　否□
	65	螺钉 9（内六角平端紧定螺钉）	若干	M4×4	是□　否□
	66	螺钉 10（十字槽沉头自攻螺钉）	若干	ST4.2×16	是□　否□
	67	螺钉 11（内六角圆柱头螺钉）	若干	M3×25	是□　否□
	68	螺钉 12（内六角圆柱头螺钉）	若干	M2×10	是□　否□
	69	螺钉 13（十字槽沉头自攻螺钉）	若干	ST3.5×9.5	是□　否□
	70	平垫圈 1	若干	5	是□　否□
	71	平垫圈 2	若干	3	是□　否□
	72	平垫圈 3	若干	4	是□　否□
	73	弹簧垫圈 1	若干	5	是□　否□
	74	弹簧垫圈 2	若干	3	是□　否□
	75	弹簧垫圈 3	若干	4	是□　否□
	76	六角螺母 1	若干	M5	是□　否□
	77	六角螺母 2	若干	M4	是□　否□
	78	六角螺母 3	若干	M3	是□　否□
	79	滚花高螺母	若干	M4	是□　否□

任务实施

一、箱体式结构 FDM 工艺 3D 打印设备机械结构组装

1. 机架模块的组装

根据机架模块的组装过程记录组装顺序、操作内容和注意事项，并填写在表 1-2-5 中。

▼ 表 1-2-5　机架模块的组装

序号	操作内容	注意事项
1	将底板放在工作台上	（1）工作台稳固 （2）底板方向正确
2	安装电源	
3	安装主控板	
4	安装驱动板	（1）安装方向容易走线 （2）螺钉拧紧力矩适当，符合电路安装要求 （3）组装过程消除静电
5	安装四根铝型材支架	（1）橡胶底脚不能过紧或过松 （2）螺钉拧紧力矩适当

2. *Z* 轴系统模块的组装

根据 *Z* 轴系统模块的组装过程记录组装顺序、操作内容和注意事项，并填写在表 1-2-6 中。

▼ 表 1-2-6　*Z* 轴系统模块的组装

序号	操作内容	注意事项
1	安装光轴固定块	将光轴固定块安装在 *Z* 轴固定架上，*Z* 轴固定架不能变形
2	安装 *Z* 轴丝杠步进电动机	（1）丝杠安装在步进电动机上，丝杠不能碰撞划伤 （2）将丝杠和步进电动机安装在 *Z* 轴固定架上，螺钉拧紧力矩适当 （3）将两根 8 mm 光杠安装在 *Z* 轴固定架的光轴固定块上，光轴滑动平顺，阻尼均匀

续表

序号	操作内容	注意事项
3	安装电路保护盖板	
4	安装梯形螺母和直线运动球轴承	（1）梯形螺母与丝杠配合间隙合理，阻尼均匀 （2）梯形螺母的安装方向正确 （3）直线运动球轴承安装动作轻缓，防止轴承内滚珠掉出 （4）轴承与光轴配合间隙合理，阻尼均匀
5	组装工作台组件	（1）用于调整水平的四个螺钉与工作台垂直 （2）弹簧压缩量保持在 4 mm 左右 （3）滚花高螺母紧固程度一致
6	安装工作台组件	（1）直线运动球轴承与工作台支架两侧的孔固定，配合合理，滑动顺畅 （2）梯形螺母与工作台支架中间的孔固定，配合合理，滑动顺畅
7	安装光轴顶端的固定块	注意光轴固定块安装方向

3. *XY* 轴系统模块的组装

根据 *XY* 轴系统模块的组装过程记录组装顺序、操作内容和注意事项，并填写在表 1-2-7 中。

▼ 表 1-2-7　*XY* 轴系统模块的组装

序号	操作内容	注意事项
1	安装 *Y* 轴电动机组件	（1）同步带轮与步进电动机同轴 （2）步进电动机安装后，电动机轴的方向在水平和垂直面内的位置准确 （3）步进电动机与铝型材支架安装牢固 （4）各螺钉拧紧力矩适当
2	安装 *X* 轴电动机组件	（1）同步带轮与步进电动机同轴 （2）步进电动机安装后，电动机轴的方向在水平和垂直面内的位置准确 （3）8 mm 光轴和 *X* 轴电动机滑块配合合理，滑动顺畅 （4）各螺钉拧紧力矩适当
3	安装喷头滑块组件	（1）直线运动球轴承和喷头滑块配合合理，直线运动球轴承无变形 （2）直线运动球轴承安装动作轻缓，防止轴承内滚珠掉出 （3）安装后喷头滑块水平，滑动顺畅，阻尼适当

续表

序号	操作内容	注意事项
4	安装 X 轴运动组件	
5	安装 Y 轴运动组件	（1）同步带轮与光轴固定 （2）光轴两端与铝型材支架固定 （3）各螺钉拧紧力矩适当
6	安装 Z 轴限位板	（1）Z 轴限位板安装牢固 （2）同步带保持张紧状态，X、Y 两根同步带张紧程度一致

4. 喷头模组的组装

根据喷头模组的组装过程记录组装顺序、操作内容和注意事项，并填写在表 1-2-8 中。

▼ 表 1-2-8　喷头模组的组装

序号	操作内容	注意事项
1	安装送丝轮、压丝轮、压丝轮连接杆到送丝步进电动机上	
2	安装散热片、散热风扇到送丝步进电动机上	（1）操作认真细致，防止压缩弹簧丢失 （2）压缩弹簧安装完毕，压丝轮连接杆运转灵活，扳动压丝轮连接杆后能立即复位 （3）散热片不能干涉压丝轮运动 （4）各螺钉拧紧力矩适当
3	安装喷头组件、喷头模组到喷头滑块上	（1）喷头组件、喷头模组安装方向正确 （2）喷头模组安装至喷头滑块，喷头滑块能顺畅滑动，无阻滞，无干涉 （3）各螺钉拧紧力矩适当
4	连接同步带	（1）同步带松紧合适 （2）装有喷头模组的喷头滑块在 X、Y 轴光轴全范围滑动顺畅，无阻滞，无干涉 （3）各螺钉拧紧力矩适当

5. 外壳模块的组装

根据外壳模块的组装过程记录组装顺序、操作内容和注意事项，并填写在表 1-2-9 中。

▼ 表 1-2-9　外壳模块的组装

序号	操作内容	注意事项
1	安装上盖	（1）复核同步带的张紧程度 （2）各螺钉拧紧力矩适当
2	安装背板	（1）由于 *Z* 轴限位开关在背板上，应保证 *Z* 轴限位开关的位置准确 （2）各螺钉拧紧力矩适当
3	安装 *X*、*Y* 轴限位开关	（1）*X*、*Y* 轴限位应做标记，以保证与主控板连接的准确性 （2）各螺钉拧紧力矩适当
4	安装前面板及显示屏	
5	安装左、右端盖	各螺钉拧紧力矩适当，卡扣位置和紧固程度适当

二、箱体式结构 FDM 工艺 3D 打印设备电路系统组装

1. FDM 工艺 3D 打印设备电气结构的安装要求

（1）检查电路系统是否有安装作业指导书，如有，应按作业指导书进行检查和安装。

（2）检查电路板接线、走线是否规范，是否符合工艺标准。

（3）检查整机接线是否符合工艺标准。

2. 掌握 FDM 工艺 3D 打印设备电路系统的组成

回顾所学知识，观察和辨认电路系统的组成元件，说一说各组成元件不同接口的符号和连接内容，并在老师的指导下填写在表 1-2-10 中。

▼ 表 1-2-10　电路系统的组成元件接口

	序号	接口	接口符号	连接内容
驱动板	1	*X* 轴步进电动机接口		
	2	*Y* 轴步进电动机接口		
	3	*Z* 轴步进电动机接口		

续表

	序号	接口	接口符号	连接内容
驱动板	4	送丝步进电动机接口		
	5	驱动板电源接口		
	6	加热棒接口		
主控板	7	热敏电阻接口		
	8	显示屏接口		
	9	USB 接口		
	10	限位接口		
	11	SD 卡接口		
	12	主控板电源接口		

3. 仔细观察驱动板和主控板，根据各接口的结构特征，将其名称填在图 1-2-1 中。

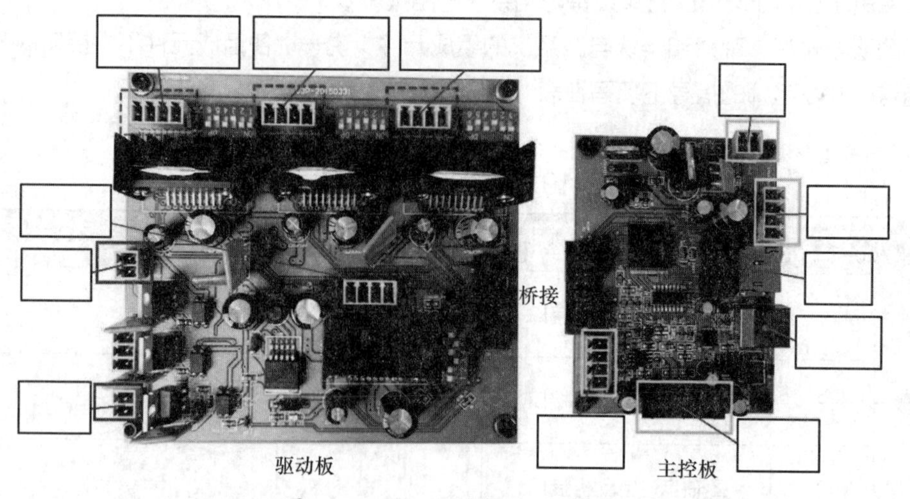

图 1-2-1　驱动板和主控板

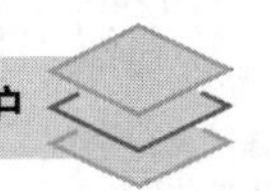

4. 在限位开关的接线过程中，讨论并在老师的指导下想一想应注意哪些问题。

5. 在热敏电阻的接线过程中，讨论并在老师的指导下想一想应注意哪些问题。

6. 在 *X*、*Y*、*Z* 轴步进电动机和送丝步进电动机的接线过程中，讨论并在老师的指导下想一想应注意哪些问题。

7. 在加热棒的接线过程中，讨论并在老师的指导下想一想应注意哪些问题。

8. 在散热风扇的接线过程中，讨论并在老师的指导下想一想应注意哪些问题。

9. 在显示屏的接线过程中，讨论并在老师的指导下想一想应注意哪些问题。

10. 在 220 V 交流电源的接入过程中，讨论并在老师的指导下想一想应注意哪些问题。

三、调试验证

1. 检查箱体式结构 FDM 工艺 3D 打印设备的机械结构组装是否正确，并将检查结果填写在表 1-2-11 中。

▼ 表 1-2-11　机械结构组装检查

序号	检查内容	检查结果
1	复核机架模块的组装	
2	复核 Z 轴系统模块的组装	
3	复核 XY 轴系统模块的组装	
4	复核喷头模组的组装	
5	复核外壳模块的组装	
6	检查各部件是否漏装、错装、装反	
7	检查各部件是否安装到位，有无干涉、松动等	
8	移动和转动各轴，检查各轴运动是否顺畅，有无卡滞、干涉、轴向窜动	
9	检查受力零部件是否拧紧，扭矩是否符合标准、是否标记	

2. 检查箱体式结构 FDM 工艺 3D 打印设备的电路系统组装是否正确，并将检查结果填写在表 1-2-12 中。

▼ 表 1-2-12　电路系统组装检查

序号	检查内容	检查结果
1	复核限位开关接线	
2	复核热敏电阻接线	
3	复核步进电动机接线	
4	复核加热棒接线	
5	复核散热风扇接线	

续表

序号	检查内容	检查结果
6	复核显示屏接线	
7	复核 220 V 交流电源接入	
8	检查各元件与导线间的连接是否牢靠	
9	检查各元件与导线有无裸露和破损	

3. 通电测试，检查箱体式结构 FDM 工艺 3D 打印设备组装是否正确，并将检查结果填写在表 1-2-13 中。

▼ 表 1-2-13　通电测试检查

序号	检查内容	检查结果
1	请专业电工检查实训室电压、电流和接地电阻是否正常	
2	观察设备的指示灯、散热风扇和显示屏等工作是否正常，如果出现冒烟、散发异味、显示屏不显示等异常情况，应立即关机，以防设备进一步损坏	
3	检查喷头加热情况，观察加热是否正常	
4	目测设备通电后是否正常，为下一步打印操作奠定基础	

通电测试属于带电作业，应注意人身和设备安全，必须保证两个及以上人员共同配合进行。

展示与评价

一、成果展示

1. 以小组为单位派代表介绍本组的学习成果，听取并记录其他小组对本组学习成果的评价和建议。

2. 根据其他小组对本组展示成果的评价意见进行归纳总结，完成表 1-2-14 的填写。

▼ 表 1-2-14　组间评价表

姓名		组长签名	
项目		记录	
本小组的信息检索能力如何?		良好□　一般□　不足□	
本小组介绍成果时，表达是否清晰合理?		很好□　需要补充□　不清晰□	
本小组成员的团队合作精神如何?		良好□　一般□　不足□	
本小组成员的创新精神如何?		良好□　一般□　不足□	

掌握的技能:

出现的问题:

解决的方法:

二、任务评价

先按表 1-2-15 所列项目进行自评，再由组长对组员进行评价，将结果填入表中。

▼ 表 1-2-15　任务评价表

班级		姓名		学号		日期	年　月　日
序号	评价要点				配分	自评	组长评
1	能说出车间场地管理要求				10		
2	能说出车间常用设备安全操作规程				10		
3	防护用品穿戴整齐，符合着装要求				10		
4	掌握 FDM 工艺 3D 打印设备组装的基本技能				40		
5	安全意识、责任意识强				6		
6	积极参加学习活动，按时完成各项任务				6		
7	团队合作意识强，善于与人交流和沟通				6		

续表

序号	评价要点	配分	自评	组长评
8	自觉遵守劳动纪律，不迟到、不早退、中途不离开实训现场	6		
9	严格遵守“6S”管理要求	6		
总计		100		
小结建议				

复习巩固

一、填空题

1. 箱体式结构 FDM 工艺 3D 打印设备的机械结构可分为__________、______________、*XY* 轴系统模块、________________和外壳模块等。

2. 零部件之间均由紧固件进行安装固定，设备所用紧固件常使用____________和十字旋具紧固。

3. 箱体式结构 FDM 工艺 3D 打印设备的底板上安装的部件一般有________、________、驱动板等。

二、判断题

1. 在 FDM 工艺 3D 打印设备的电路系统组装过程中要求走线规整，走线方向正确。（　　）

2. FDM 工艺 3D 打印设备中热敏电阻的作用是加热丝材。（　　）

三、单项选择题

1. FDM 工艺 3D 打印设备中，电路保护盖板的作用主要是（　　）。

A. 作为底板支撑框架　　B. 保护设备电路，防止粉尘侵蚀

C. 支撑 *Z* 轴传动杆

2. FDM 工艺 3D 打印设备中，热敏电阻的作用主要是（　　）。

A. 测量温度　　B. 过热保护　　C. 热量补偿　　D. 分电压

四、简答题

1. 在箱体式结构FDM工艺3D打印设备的底板上安装铝型材支架（立柱）一般有什么要求?

2. 查阅资料，简述直线运动球轴承的特点。

3. 查阅资料，简述FDM工艺3D打印设备工作台常用的材质及其特点。

4. 查阅资料，简述同步带的特点。为什么同步带需要张紧?

任务三　操作 FDM 工艺 3D 打印设备

学习任务

本任务主要是了解 FDM 工艺 3D 打印的工艺流程，正确操作 FDM 工艺 3D 打印设备打印产品，并掌握其日常维护方法。

资讯学习

1. 查阅资料，回顾 3D 打印技术概论等相关课程学习内容，说一说 FDM 工艺 3D 打印的工艺流程。

2. 查阅资料，回顾 3D 打印技术概论等相关课程学习内容，说一说常用的三维模型创建软件有哪些，其中正向设计软件有哪些，逆向设计软件有哪些。

3. 查阅资料并在老师的指导下回答：FDM 工艺 3D 打印的数据文件格式是什么？该文件格式有什么特点？

4. FDM 工艺 3D 打印的数据文件处理中，分层厚度对产品精度有什么影响？

5. 产品后处理包含哪些工作？需要哪些工具和材料？

任务准备

1. 完成分组与工作计划制订，并记录在表 1-3-1 中。

▼ 表 1-3-1　小组成员与工作计划

<table>
<tr><th>任务名称</th><th>目标要求</th><th>组员姓名</th><th>任务分工</th><th>备注</th></tr>
<tr><td rowspan="6"></td><td rowspan="6">1. 小组成员分工合作
2. 制订工作的方法与步骤
3. 完成任务</td><td></td><td></td><td>组长</td></tr>
<tr><td></td><td></td><td></td></tr>
<tr><td></td><td></td><td></td></tr>
<tr><td></td><td></td><td></td></tr>
<tr><td></td><td></td><td></td></tr>
<tr><td></td><td></td><td></td></tr>
<tr><td>完成任务的方法与步骤</td><td colspan="4"></td></tr>
</table>

2. 根据任务要求，以小组为单位领取设备、工具、材料及防护用品等，组员将领到的物品归纳分类并填写在表 1-3-2 中，组长签名确认。

▼ 表 1-3-2　设备、工具、材料及防护用品清单

序号	类别	准备内容	组长签名
1	设备		
2	工具		
3	材料		
4	防护用品		

任务实施

一、安装丝材

1. 安装丝材是 FDM 工艺 3D 打印设备操作的第一步，讨论并在老师的指导下简要描述丝材安装的过程。

2. 讨论并在老师的指导下总结丝材安装的注意事项。

二、开机

讨论并在老师的指导下总结 FDM 工艺 3D 打印设备开机的注意事项。

三、预热进料

1. FDM 工艺 3D 打印的打印材料有 ABS 和 PLA，这两种材料的特点不尽相同，一般来说 ABS 的预热温度比 PLA 的预热温度要____（高 / 低）一些。

2. 根据设备使用说明，在老师的指导下完成预热进料，并完善如图 1-3-1 所示的预热进料过程。

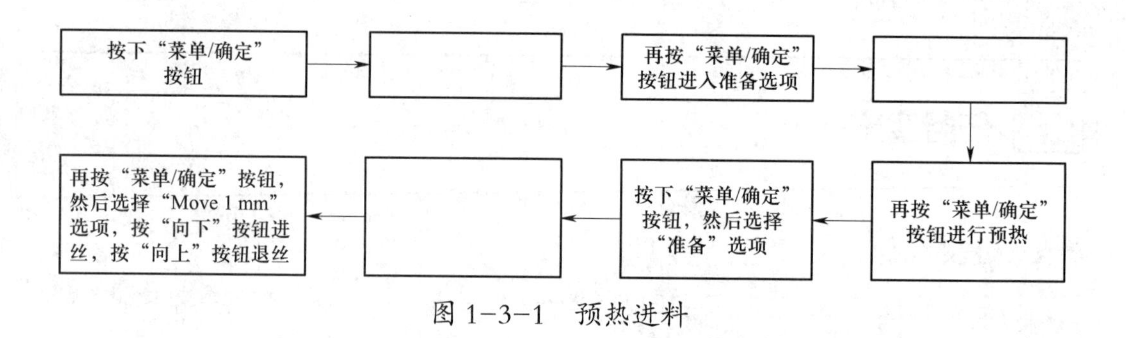

图 1-3-1　预热进料

3. 查阅资料，分析进料过程中喷头堵料的原因及解决方法，并填写在表 1-3-3 中。

▼ 表 1-3-3　喷头堵料的原因及解决方法

序号	堵料原因	解决方法

续表

序号	堵料原因	解决方法

四、工作台回零

1. 根据设备使用说明，在老师的指导下完成工作台回零，并完善如图 1-3-2 所示的工作台回零过程。

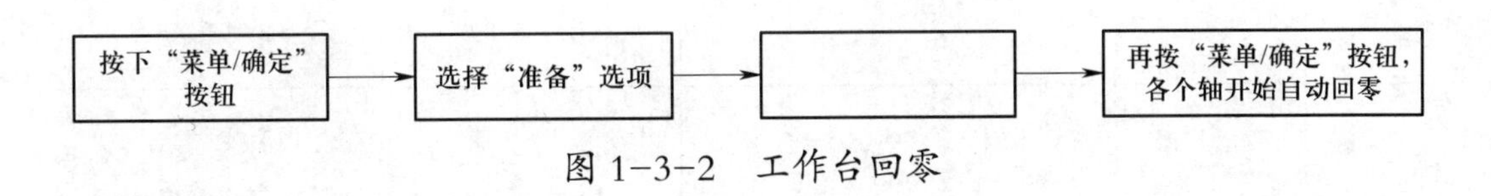

图 1-3-2　工作台回零

2. 在老师的指导回答：为什么 FDM 工艺 3D 打印设备工作台回零时先进行 Z 轴回零，再进行 X、Y 轴回零？如果操作过数控铣床或加工中心，那么数控铣床或加工中心的回零顺序是什么？

五、工作台调平

1. 讨论并在老师的指导下回答：为什么要进行工作台调平？如果不调平会出现什么后果？

2. 根据设备使用说明，在老师的指导下完成工作台调平，记录工作台调平的操作内容和注意事项，并填写在表 1-3-4 中。

▼ 表 1-3-4　工作台调平

序号	操作内容	注意事项

3. 讨论并在老师的指导下回答：为什么手动进行工作台调平后，建议再做一次调平进行验证？

4. 讨论并在老师的指导下回答：为什么要对工作台进行防翘边处理？处理方法一般有哪些？

六、产品打印

根据设备使用说明，在老师的指导下完成产品打印，记录产品打印的操作内容和注意事项，并填写在表 1-3-5 中。

▼ 表 1-3-5　产品打印

序号	操作内容	注意事项

七、取出产品和简单后处理

根据设备使用说明，在老师的指导下取出产品并完成简单后处理，讨论并总结取出产品和简单后处理的注意事项及使用工具，并填写在表 1-3-6 中。

▼ 表 1-3-6　取出产品和简单后处理的注意事项及使用工具

序号	项目	内容
1	注意事项	
2	使用工具	

八、日常维护

1. 在 FDM 工艺 3D 打印设备的喷头模组中使用了聚四氟乙烯喉管，查阅资料并在老师的指导下回答：什么是聚四氟乙烯？聚四氟乙烯的特点有哪些？为什么在喷头模组中要使用聚四氟乙烯喉管？

2. 预热进料和产品打印过程中是否出现喷头堵料的情况？如果是，堵料的原因是什么？

展示与评价

一、成果展示

1. 以小组为单位派代表介绍本组的学习成果，听取并记录其他小组对本组学习成果的评价和建议。

2. 根据其他小组对本组展示成果的评价意见进行归纳总结，完成表 1-3-7 的填写。

▼ 表 1-3-7　组间评价表

姓名		组长签名	
项目		记录	
本小组的信息检索能力如何?		良好□　一般□　不足□	
本小组介绍成果时，表达是否清晰合理?		很好□　需要补充□　不清晰□	
本小组成员的团队合作精神如何?		良好□　一般□　不足□	
本小组成员的创新精神如何?		良好□　一般□　不足□	
掌握的技能: 出现的问题: 解决的方法:			

二、任务评价

先按表 1-3-8 所列项目进行自评，再由组长对组员进行评价，将结果填入表中。

▼ 表 1-3-8　任务评价表

班级		姓名		学号		日期	年　月　日
序号	**评价要点**				**配分**	**自评**	**组长评**
1	能说出车间场地管理要求				10		
2	能说出车间常用设备安全操作规程				10		
3	防护用品穿戴整齐，符合着装要求				10		
4	FDM 工艺 3D 打印设备操作过程规范、正确				20		
5	打印产品合格				20		
6	安全意识、责任意识强				6		
7	积极参加学习活动，按时完成各项任务				6		
8	团队合作意识强，善于与人交流和沟通				6		
9	自觉遵守劳动纪律，不迟到、不早退、中途不离开实训现场				6		
10	严格遵守“6S”管理要求				6		
总计					100		
小结建议							

复习巩固

一、填空题

1. PLA 材料的打印温度一般为________℃左右。

2. 三维模型的创建通常有________和逆向两种途径。

3. FDM 工艺 3D 打印中，创建模型后都要进行模型数据的转换，导出数据处理所需要的文件格式，这种格式的文件后缀为________。

4. FDM 工艺 3D 打印的模型分层厚度一般控制在＿＿＿＿＿＿范围内。

5. 3D 打印产品后处理主要是去除实体的＿＿＿＿和对打印产品进行＿＿＿＿＿＿，如拼接、补土、打磨、上色等，使成形精度、表面粗糙度和外观颜色等达到要求。

6. FDM 工艺 3D 打印设备在进料前应先对喷头进行＿＿＿＿，达到预定的温度后再进行进料操作。

7. FDM 工艺 3D 打印设备每次断电或调试后，重新开启设备都需要对设备进行工作台＿＿＿＿操作。

8. FDM 工艺 3D 打印设备坐标轴回零的方法通常有两种：一种是使用设备＿＿＿＿＿使坐标轴回零，另一种是使用计算机发送指令"G28 X0 Y0 Z0"使坐标轴回零。

9. ＿＿＿＿的目的是保证打印过程中喷头与工作台始终保持相同的距离。

二、判断题

1. FDM 工艺 3D 打印设备属于精密设备，没有必要在打印前进行调试。（　　）

2. FDM 工艺 3D 打印设备装机调平后不再需要进行调平操作，频繁调平容易造成设备磨损和故障。（　　）

3. 由于压丝轮是金属材质，FDM 工艺 3D 打印的丝材是塑料材质，因此在进丝和退丝过程中可以用力插入和拉出，不会破坏压丝轮。（　　）

4. 理论上 3D 打印设备的限位装置只是起到保护打印设备的作用，因此在打印设备上不属于重要部件。（　　）

5. 3D 打印设备使用的 G 代码文件和数控机床的完全相同。（　　）

6. FDM 工艺 3D 打印设备工作台调平前，不需要先检查喷头喷嘴上是否有残余丝材。（　　）

三、单项选择题

1. FDM 工艺 3D 打印的工艺流程中，第一步是（　　）。

A. 三维模型创建　　B. 三维模型数据导出

C. 数据文件处理　　D. 熔融沉积成形

2. FDM 工艺 3D 打印设备工作台调平的目的是（　　）。

A. 防止模型出现翘边

B. 保证模型在工作台中央

C. 保证打印过程中喷头与工作台始终保持相同的距离

D. 保证打印材料牢固地黏结在工作台上

3. FDM 工艺 3D 打印设备工作台回零的顺序是（　　）。

A. X、Y—Z　　B. Z—X、Y　　C. X、Z—Y　　D. Y、Z—X

四、简答题

1. 简述 FDM 工艺 3D 打印设备的操作步骤。

2. FDM 工艺 3D 打印设备工作台回零的目的是什么？

3. FDM 工艺 3D 打印设备操作过程中如果出现喷头堵料，可能的原因是什么？

4. FDM 工艺 3D 打印设备操作过程中常用的工具有哪些？

5. 手动进行 FDM 工艺 3D 打印设备工作台调平时，一般调整到什么程度比较合适？

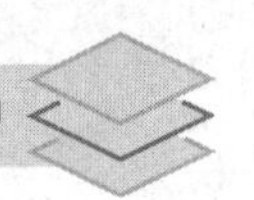

任务四　测试 FDM 工艺 3D 打印设备的性能

学习任务

本任务是对 FDM 工艺 3D 打印设备进行性能测试，通过性能测试了解打印参数的含义，掌握其性能测试方法，并尝试获得最佳的打印参数。

资讯学习

1. 查阅资料并在老师的指导下回答：为什么需要对新组装的 FDM 工艺 3D 打印设备进行性能测试？

2. 查阅资料并在老师的指导下回答：FDM 工艺 3D 打印设备性能测试包括哪些项目？

3. 查阅资料并在老师的指导下回答：测试项目中最小特征的含义是什么？

4. 查阅资料并在老师的指导下回答：测试项目中摆放角度的含义是什么？

5. 查阅资料并在老师的指导下回答：测试项目中跨距的含义是什么？

6. 查阅资料并在老师的指导下回答：测试项目中悬臂长度的含义是什么？

任务准备

1. 完成分组与工作计划制订，并记录在表 1-4-1 中。

▼ 表 1-4-1　小组成员与工作计划

<table>
<tr><th>任务名称</th><th>目标要求</th><th>组员姓名</th><th>任务分工</th><th>备注</th></tr>
<tr><td rowspan="6"></td><td rowspan="6">1. 小组成员分工合作
2. 制订工作的方法与步骤
3. 完成任务</td><td></td><td></td><td>组长</td></tr>
<tr><td></td><td></td><td></td></tr>
<tr><td></td><td></td><td></td></tr>
<tr><td></td><td></td><td></td></tr>
<tr><td></td><td></td><td></td></tr>
<tr><td></td><td></td><td></td></tr>
<tr><td>完成任务的方法与步骤</td><td colspan="4"></td></tr>
</table>

2. 根据任务要求，以小组为单位领取设备、工具、材料及防护用品等，组员将领到的物品归纳分类并填写在表 1-4-2 中，组长签名确认。

▼ 表 1-4-2　设备、工具、材料及防护用品清单

序号	类别	准备内容	组长签名
1	设备		
2	工具		
3	材料		
4	防护用品		

任务实施

1. 参照教材，创建长度为 20 mm、高度为 60 mm 和厚度分别为 1 mm、0.8 mm、0.6 mm、0.4 mm、0.2 mm 的长方体模型，上机打印，观察打印过程和打印结果，填写在表 1-4-3 中。

▼ 表 1-4-3　最小特征测试记录表

厚度 /mm	1	0.8	0.6	0.4	0.2
打印结果情况表述					

2. 参照教材，创建长度为 20 mm、高度为 60 mm 和厚度为 10 mm 的长方体模型，摆放角度分别设置为 90°、70°、60°、45°、30°，上机打印，观察打印过程和打印结果，填写在表 1-4-4 中。

▼ 表 1-4-4　摆放角度测试记录表

摆放角度	90°	70°	60°	45°	30°
打印结果情况表述					

3. 参照教材，创建跨距分别为 20 mm、16 mm、10 mm、8 mm、6 mm 的模型，上机打印，观察打印过程和打印结果，填写在表 1-4-5 中。

▼ 表 1-4-5　跨距测试记录表

跨距 /mm	20	16	10	8	6
打印结果情况表述					

4. 参照教材，创建单层圆环和壁厚为 2 mm 的圆环，分层厚度分别设置为 0.1 mm、0.2 mm、0.3 mm、0.4 mm、0.5 mm，上机打印，观察打印过程和打印结果，填写在表 1-4-6 中。

▼ 表 1-4-6　分层厚度测试记录表

分层厚度 /mm	0.1	0.2	0.3	0.4	0.5
单层圆环打印结果情况表述					
壁厚 2 mm 圆环打印结果情况表述					

5. 参照教材，创建悬臂长度分别为 1 mm、2 mm、3 mm、4 mm、5 mm 的模型，上机打印，观察打印过程和打印结果，填写在表 1-4-7 中。

▼ 表 1-4-7　悬臂长度测试记录表

悬臂长度 /mm	1	2	3	4	5
打印结果情况表述					

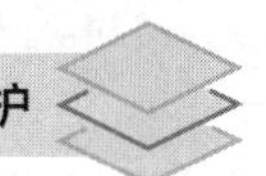

6. 在老师的指导下创建一个具有一定复制程度、需要持续打印 24 小时的模型，上机打印，24 小时不间断测试，全程观察打印过程和打印结果，填写在表 1-4-8 中。

▼ 表 1-4-8　24 小时不间断测试

测试项目	测试结果
有无掉电重启	
有无部件脱落破损	
有无堵料	
有无打印产品错位	
有无黏附脱落	
有无层分离	
有无表面坑洼	
有无棱角异常	
有无显示信息失效	
有无传感器异常	

展示与评价

一、成果展示

1. 以小组为单位派代表介绍本组的学习成果，听取并记录其他小组对本组学习成果的评价和建议。

2. 根据其他小组对本组展示成果的评价意见进行归纳总结，完成表 1-4-9 的填写。

▼ 表 1-4-9　组间评价表

<table>
<tr><td>姓名</td><td></td><td>组长签名</td><td></td></tr>
<tr><th colspan="2">项目</th><th colspan="2">记录</th></tr>
<tr><td colspan="2">本小组的信息检索能力如何?</td><td colspan="2">良好□　一般□　不足□</td></tr>
<tr><td colspan="2">本小组介绍成果时，表达是否清晰合理?</td><td colspan="2">很好□　需要补充□　不清晰□</td></tr>
</table>

续表

项目	记录
本小组成员的团队合作精神如何?	良好□　一般□　不足□
本小组成员的创新精神如何?	良好□　一般□　不足□

掌握的技能:

出现的问题:

解决的方法:

二、任务评价

先按表 1-4-10 所列项目进行自评，再由组长对组员进行评价，将结果填入表中。

▼ 表 1-4-10　任务评价表

班级		姓名		学号		日期	年　月　日
序号	评价要点				配分	自评	组长评
1	能说出车间场地管理要求				10		
2	能说出车间常用设备安全操作规程				10		
3	防护用品穿戴整齐，符合着装要求				10		
4	FDM 工艺 3D 打印设备性能测试过程规范、正确				40		
5	安全意识、责任意识强				6		
6	积极参加学习活动，按时完成各项任务				6		
7	团队合作意识强，善于与人交流和沟通				6		
8	自觉遵守劳动纪律，不迟到、不早退、中途不离开实训现场				6		
9	严格遵守“6S”管理要求				6		
总计					100		
小结 建议							

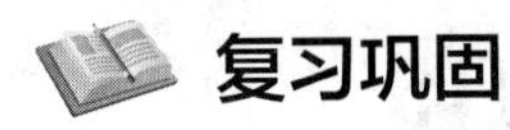

复习巩固

一、填空题

1. FDM 工艺 3D 打印设备性能测试项目包括__________、__________、________、__________和__________等。

2. 最小特征测试项目用于测试设备能打印的__________及______________，常以__________、________作为测试对象。

3. 喷头喷嘴的_______决定了 FDM 工艺 3D 打印设备可以加工的最小特征。

4. FDM 工艺 3D 打印设备在设计模型时，模型的最小尺寸应_______喷头喷嘴直径。

5. 模型的摆放影响打印效率与打印质量，最佳摆放角度是指模型与工作台之间的最小无支撑倾斜角度。在测试摆放角度对 FDM 工艺 3D 打印设备打印质量的影响时，通常选择_______、_______、60°、45°、30° 等进行测试。

6. FDM 工艺 3D 打印设备性能测试中，__________是指模型的最大无支撑悬空距离。

7. FDM 工艺 3D 打印中，常用的分层厚度为_______、_______、0.3 mm、0.4 mm、0.5 mm 等。

二、判断题

1. 对于 FDM 工艺 3D 打印设备，只要打印速度快就表示该设备的打印性能好。(　　)

2. FDM 工艺 3D 打印设备性能测试中，最大跨距只与打印设备的质量有关，与打印原材料的质量无关。(　　)

3. FDM 工艺 3D 打印过程中，分层厚度越大，打印时间越长，产品表面越粗糙；分层厚度越小，打印时间越短，产品表面越光滑。(　　)

三、单项选择题

下列选项中，(　　) 不是 FDM 工艺 3D 打印设备性能测试项目。

A. 最小特征　　B. 摆放角度　　C. 跨距　　D. 模型复杂程度

四、简答题

随着 FDM 工艺 3D 打印设备的种类日渐丰富，为更好地检验打印设备的性能，常用的 FDM 工艺 3D 打印设备综合性能评测项目有哪些？

任务五　测试 FDM 工艺 3D 打印设备的加工精度

学习任务

本任务是依据《熔融沉积快速成形机床　精度检验》（GB/T 20317—2006）对 FDM 工艺 3D 打印设备进行加工精度测试，掌握其加工精度检验及评估方法，并对评估结果进行统计分析，绘制统计图。

资讯学习

1. 查阅资料，说一说什么是 USER-PART 精度测试。

2. 查阅资料并在老师的指导下回答：为什么需要对测试数据进行统计分析？

3. 查阅资料并在老师的指导下回答：什么是频次？频次和频率有什么区别？

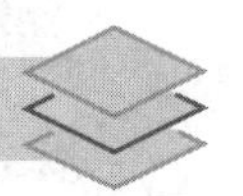

4. 查阅资料并在老师的指导下回答：什么是累积百分比？如何计算累积百分比？

5. 查阅资料并在老师的指导下回答：什么是置信度？

6. 查阅资料并在老师的指导下回答：置信度设置过高或过低，对设备的测试结果有什么影响？

任务准备

1. 完成分组与工作计划制订，并记录在表 1-5-1 中。

▼ 表 1-5-1 小组成员与工作计划

<table>
<tr><th>任务名称</th><th>目标要求</th><th>组员姓名</th><th>任务分工</th><th>备注</th></tr>
<tr><td rowspan="6"></td><td rowspan="6">1. 小组成员分工合作
2. 制订工作的方法与步骤
3. 完成任务</td><td></td><td></td><td>组长</td></tr>
<tr><td></td><td></td><td></td></tr>
<tr><td></td><td></td><td></td></tr>
<tr><td></td><td></td><td></td></tr>
<tr><td></td><td></td><td></td></tr>
<tr><td></td><td></td><td></td></tr>
<tr><td>完成任务的方法与步骤</td><td colspan="4"></td></tr>
</table>

2. 根据任务要求，以小组为单位领取设备、工具、材料及防护用品等，组员将领到的物品归纳分类并填写在表 1-5-2 中，组长签名确认。

▼ 表 1-5-2　设备、工具、材料及防护用品清单

序号	类别	准备内容	组长签名
1	设备		
2	工具		
3	材料		
4	防护用品		

任务实施

1. 根据教材中图 1-5-1，创建 USER-PART 精度测试件的三维模型。

2. 操作 FDM 工艺 3D 打印设备，在工作台中心位置和四个角中任意一个角的位置分别打印一个测试件。

3. 对打印完成的试件进行简单去毛刺，然后用游标卡尺按照教材中图 1-5-1 所示位置进行测量，测量结果填写在表 1-5-3 和表 1-5-4 中。

▼ 表 1-5-3　工作台中心位置试件精度测量表　　（单位：mm）

测量位置 *X* 方向	理论值	测量值	测量位置 *Y* 方向	理论值	测量值	测量位置 *Z* 方向	理论值	测量值
*DX*1	10.5		*DY*1	75		*DZ*1	20	
*DX*2	10.5		*DY*2	2		*DZ*2	10	
*DX*3	100		*DY*3	2		*DZ*3	6	
*DX*4	2		*DY*4	5		*DZ*4	8	
*DX*5	2		*DY*5	5		*DZ*5	6	
*DX*6	5		*DY*6	50		*DZ*6	10	
*DX*7	5		*DY*7	75				
*DX*8	50							
*DX*9	100							

▼ 表 1-5-4　工作台一角位置试件精度测量表　（单位：mm）

测量位置 X 方向	理论值	测量值	测量位置 Y 方向	理论值	测量值	测量位置 Z 方向	理论值	测量值
*DX*1	10.5		*DY*1	75		*DZ*1	20	
*DX*2	10.5		*DY*2	2		*DZ*2	10	
*DX*3	100		*DY*3	2		*DZ*3	6	
*DX*4	2		*DY*4	5		*DZ*4	8	
*DX*5	2		*DY*5	5		*DZ*5	6	
*DX*6	5		*DY*6	50		*DZ*6	10	
*DX*7	5		*DY*7	75				
*DX*8	50							
*DX*9	100							

4. 根据表 1-5-3 和表 1-5-4 计算偏差值，并进行偏差频次统计，填写在表 1-5-5 中。

▼ 表 1-5-5　偏差频次统计表

偏差 / mm	> −0.32 ~ −0.28	> −0.28 ~ −0.24	> −0.24 ~ −0.20	> −0.20 ~ −0.16	> −0.16 ~ −0.12	> −0.12 ~ −0.08	> −0.08 ~ −0.04	> −0.04 ~ 0
频次								
偏差 / mm	> 0 ~ 0.04	> 0.04 ~ 0.08	> 0.08 ~ 0.12	> 0.12 ~ 0.16	> 0.16 ~ 0.20	> 0.20 ~ 0.24	> 0.24 ~ 0.28	> 0.28 ~ 0.32
频次								

5. 根据表 1-5-5，绘制偏差频次分布图（见图 1-5-1）。

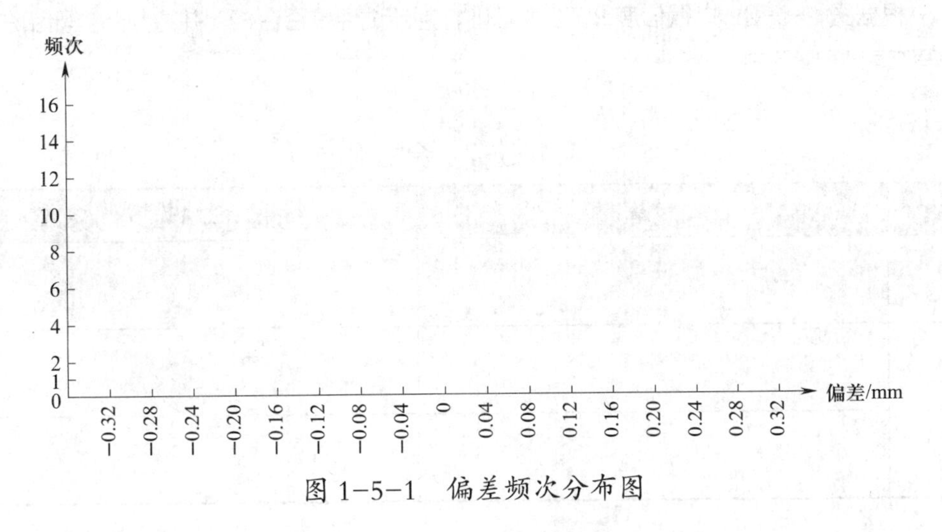

图 1-5-1　偏差频次分布图

6. 根据图 1-5-1 和表 1-5-5，计算误差累积百分比，并填写在表 1-5-6 中。

▼ 表 1-5-6 误差累积百分比统计表

误差 /mm	0 ~ 0.04	0 ~ 0.08	0 ~ 0.12	0 ~ 0.16	0 ~ 0.20	0 ~ 0.24	0 ~ 0.28	0 ~ 0.32
次数								
累积 %								

7. 根据表 1-5-6，绘制误差累积分布图（见图 1-5-2）。

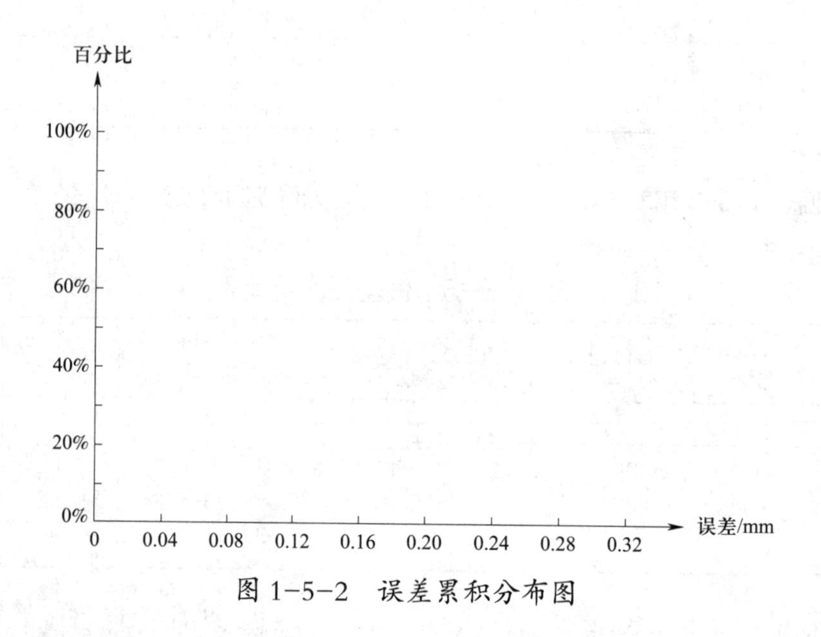

图 1-5-2 误差累积分布图

8. 根据图 1-5-2，以置信度 80% 为基础，判断试件是否合格，并将判断步骤和注意事项填写在表 1-5-7 中。

▼ 表 1-5-7 合格判定

序号	步骤	注意事项

续表

序号	步骤	注意事项

展示与评价

一、成果展示

1. 以小组为单位派代表介绍本组的学习成果，听取并记录其他小组对本组学习成果的评价和建议。

2. 根据其他小组对本组展示成果的评价意见进行归纳总结，完成表 1-5-8 的填写。

▼ 表 1-5-8　组间评价表

姓名		组长签名	
项目		记录	
本小组的信息检索能力如何？		良好□　一般□　不足□	
本小组介绍成果时，表达是否清晰合理？		很好□　需要补充□　不清晰□	
本小组成员的团队合作精神如何？		良好□　一般□　不足□	

续表

项目	记录
本小组成员的创新精神如何？	良好□　一般□　不足□
掌握的技能： 出现的问题： 解决的方法：	

二、任务评价

先按表1-5-9所列项目进行自评，再由组长对组员进行评价，将结果填入表中。

▼ 表1-5-9　任务评价表

班级		姓名		学号		日期	年　月　日
序号	**评价要点**				**配分**	**自评**	**组长评**
1	能说出车间场地管理要求				10		
2	能说出车间常用设备安全操作规程				10		
3	防护用品穿戴整齐，符合着装要求				10		
4	FDM工艺3D打印设备加工精度测试过程规范、正确，能根据测试结果判断设备加工精度是否合格				40		
5	安全意识、责任意识强				6		
6	积极参加学习活动，按时完成各项任务				6		
7	团队合作意识强，善于与人交流和沟通				6		
8	自觉遵守劳动纪律，不迟到、不早退、中途不离开实训现场				6		
9	严格遵守“6S”管理要求				6		
总计					100		
小结建议							

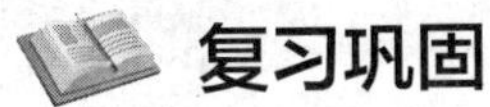

复习巩固

一、填空题

加工精度测试是 FDM 工艺 3D 打印设备精度检验的一项重要内容，《熔融沉积快速成形机床　精度检验》（GB/T 20317—2006）规定了对 FDM 工艺 3D 打印设备进行________________的具体要求。

二、判断题

1. USER-PART 精度测试件可以随意选取。（　　）

2. FDM 工艺 3D 打印设备的加工精度测试过程中，只需要在工作台的中心位置或四个角中任意一个角的位置打印一个试件进行测试即可。（　　）

3. 测试件在某一特征的偏差频次出现的数量越多，说明 FDM 工艺 3D 打印设备的这种特征加工能力越差。（　　）

4. FDM 工艺 3D 打印设备的偏差频次分布图能反映设备的精度和性能。（　　）

5. 一般设备在检验前应先根据设备的综合情况和使用要求设置置信度，置信度设置的越大，对设备要求越高。（　　）

三、简答题

为什么需要对 FDM 工艺 3D 打印设备进行加工精度检验？

任务六　诊断与排除 FDM 工艺 3D 打印设备的故障

学习任务

本任务是分析 FDM 工艺 3D 打印设备故障产生的原因，掌握 FDM 工艺 3D 打印设备常见故障及排除方法，并结合设备具体情况排除故障。

资讯学习

1. 查阅资料，说一说造成设备故障的原因有哪些。

2. 设备故障的发现和排除一般可通过望、闻、问、切等方法，查阅资料并在老师的指导下，说一说望、闻、问、切的具体含义。

3. 查阅资料并在老师的指导下回答：在设备操作过程中制定设备常见故障及排除方法表的意义是什么？

4. 查阅资料并在老师的指导下，说一说设备故障处理的一般流程。

任务准备

1. 完成分组与工作计划制订，并记录在表 1-6-1 中。

▼ 表 1-6-1　小组成员与工作计划

<table>
<tr><th>任务名称</th><th>目标要求</th><th>组员姓名</th><th>任务分工</th><th>备注</th></tr>
<tr><td rowspan="6"></td><td rowspan="6">1. 小组成员分工合作
2. 制订工作的方法与步骤
3. 完成任务</td><td></td><td></td><td>组长</td></tr>
<tr><td></td><td></td><td></td></tr>
<tr><td></td><td></td><td></td></tr>
<tr><td></td><td></td><td></td></tr>
<tr><td></td><td></td><td></td></tr>
<tr><td></td><td></td><td></td></tr>
<tr><td>完成任务的方法与步骤</td><td colspan="4"></td></tr>
</table>

2. 根据任务要求，以小组为单位领取设备、工具、材料及防护用品等，组员将领到的物品归纳分类并填写在表 1-6-2 中，组长签名确认。

▼ 表 1-6-2　设备、工具、材料及防护用品清单

<table>
<tr><th>序号</th><th>类别</th><th>准备内容</th><th>组长签名</th></tr>
<tr><td>1</td><td>设备</td><td></td><td rowspan="4"></td></tr>
<tr><td>2</td><td>工具</td><td></td></tr>
<tr><td>3</td><td>材料</td><td></td></tr>
<tr><td>4</td><td>防护用品</td><td></td></tr>
</table>

任务实施

1. 根据教材内容和设备实际情况，总结分析 FDM 工艺 3D 打印设备常见故障的故障原因及排除方法，填写在表 1-6-3 中。

▼ 表 1-6-3　FDM 工艺 3D 打印设备常见故障及排除方法

序号	故障现象	故障原因	排除方法
1	接通电源后，电路板、显示屏无反应	线头松动	
		电源插座熔断器损坏	
		电源模块损坏	
		电路板损坏	
2	打印时中途暂停一段时间后又恢复正常工作	打印第一层的温度和打印其他层的温度设定不一致	
		喷头温度设置过低，打印材料不能熔融	
3	打印温度升不高	加热棒和热敏电阻的引线及延长线之间的压接端子接触不良	
		加热棒故障	
4	喷头堵料或不能顺利进料	送丝步进电动机转向错误	
		喷头堵塞	
		送丝轮和压丝轮的间隙过大	
		送丝步进电动机扭矩不足	
5	打印过程中出现丢步现象	打印速度过快	
		步进电动机的电流过大或过小	

续表

序号	故障现象	故障原因	排除方法
5	打印过程中出现丢步现象	同步带过松或过紧	
6	打印过程中喷头发出异响	丝材不合格	
		残留在喷头内的丝材碳化	
		喷头散热不良	
		换料时残料没有清理干净	
		送丝轮磨损或残料过多导致扭矩不足	
7	打印产品出现很有规律的纹路	Z 轴丝杠变形	
		分层切片软件设定每一个分层的起点和终点重合	
8	第一层黏结不牢，被喷头带走	喷头和工作台的间隙太大	
		第一层的打印速度过快	
		打印温度设置过低，丝材熔融状态不佳	
		工作台附着力不够	
9	显示屏上提示报错，温度显示 0 ℃或 380 ℃	显示“Err: MINTEMP”，可能是热敏电阻的引线及延长线接线错误	
		显示“Err: MAXTEMP”，可能是加热棒的引线及延长线之间的压接端子接触不良、漏接或断路	
10	打印过程突然中断	断电	
		使用数据线打印时，电脑卡顿、死机、休眠等	
		数据线没有电磁干扰滤波器，传输信号受干扰	

续表

序号	故障现象	故障原因	排除方法
10	打印过程突然中断	电源功率不足	
11	步进电动机抖动，声音大	步进电动机相序接错	
		零点与回零位置不匹配	
12	工作台中间凸起	工作台中间凸起	
13	打印过程中不出丝	丝材被缠住	
		打印材料含有杂质	
14	喷头剐蹭工作台	Z 轴回零不正确	
		工作台平面度不符合要求	
15	打印产品有凸点，不光滑	打印材料含有杂质	
		喷嘴里混有杂质	
		喷嘴质量不合格	
16	打印过程中拖丝或黑丝	打印参数没有设置丝材回抽选项	
		温度设置过高	
17	温度接近 235 ℃时突然降低	热敏电阻的引线及延长线与接口之间接触不良	
		热敏电阻故障	

2. 故障排除演练

（1）观察故障现象。FDM 工艺 3D 打印设备在打印过程中突然中断，三个坐标轴均停止运动。

（2）分析故障原因，确认故障点。查找 FDM 工艺 3D 打印设备常见故障及排除方法

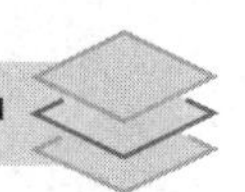

表，如果表中记录了上述故障现象，则按照表格进行故障分析和排除；如果表中没有记录，则另行分析故障原因。

查找表 1-6-3，表中记录了上述故障现象，FDM 工艺 3D 打印设备在打印过程中突然中断，三个坐标轴均停止运动可能的故障原因包括：断电、数据线或电脑故障、电源功率不足、电源损坏等。

逐一排查，判断故障范围，确认故障点。

确认故障点后，分析查明产生故障的确切原因，以免类似故障重复发生。

（3）排除故障。根据找到的故障原因和故障点，排除故障，并填写在表 1-6-4 中。

▼ 表 1-6-4　排除故障

序号	故障原因	故障现象	排除方法
1	断电		
2	数据线或电脑故障		
3	电源功率不足		
4	电源损坏		

（4）复检设备。故障排除后，对设备进行快速全面检查。

（5）验收。与相关部门或人员配合进行安全验收，并做好相关记录，必要时完善 FDM 工艺 3D 打印设备常见故障及排除方法表，以备后续参考。

展示与评价

一、成果展示

1. 以小组为单位派代表介绍本组的学习成果，听取并记录其他小组对本组学习成果的评价和建议。

2. 根据其他小组对本组展示成果的评价意见进行归纳总结，完成表 1-6-5 的填写。

▼ 表 1-6-5　组间评价表

姓名		组长签名	
项目		记录	
本小组的信息检索能力如何？		良好□　一般□　不足□	
本小组介绍成果时，表达是否清晰合理？		很好□　需要补充□　不清晰□	
本小组成员的团队合作精神如何？		良好□　一般□　不足□	
本小组成员的创新精神如何？		良好□　一般□　不足□	
掌握的技能： 出现的问题： 解决的方法：			

二、任务评价

先按表 1-6-6 所列项目进行自评，再由组长对组员进行评价，将结果填入表中。

▼ 表 1-6-6　任务评价表

班级		姓名		学号		日期	年　月　日
序号	评价要点				配分	自评	组长评
1	能说出车间场地管理要求				10		
2	能说出车间常用设备安全操作规程				10		
3	防护用品穿戴整齐，符合着装要求				10		
4	FDM 工艺 3D 打印设备故障诊断与排除过程规范、正确，故障排除成功				40		
5	安全意识、责任意识强				6		
6	积极参加学习活动，按时完成各项任务				6		
7	团队合作意识强，善于与人交流和沟通				6		

续表

序号	评价要点	配分	自评	组长评
8	自觉遵守劳动纪律，不迟到、不早退、中途不离开实训现场	6		
9	严格遵守“6S”管理要求	6		
总计		100		
小结建议				

复习巩固

一、填空题

1. FDM 工艺 3D 打印设备故障排除一般要求____电进行。

2. FDM 工艺 3D 打印设备的喷头堵料或不能顺利进料的原因可能是送丝步进电动机________错误。

3. FDM 工艺 3D 打印设备的喷头温度过高或者使用时间过长，耗材会________成黑色小颗粒堵在喷头里面，应及时疏通喷头。

4. FDM 工艺 3D 打印设备的显示屏上显示“Err: MINTEMP”的含义是________温度错误。

5. FDM 工艺 3D 打印设备打印过程中拖丝，可能是由温度设置过________引起的。

6. FDM 工艺 3D 打印设备的____________质量不好或者含有杂质，就会出现打印产品表面不光滑等现象。

二、单项选择题

1. FDM 工艺 3D 打印设备在接通电源后，电路板、显示屏无反应，故障原因不可能是（　　）。

A. 各部位线头有松动　　B. 电源插座熔断器损坏

C. 电源模块损坏　　D. 电路板损坏

E. 喷头损坏

2. FDM 工艺 3D 打印设备打印过程中拖丝或黑丝，故障原因不可能是（　　）。

A. 打印参数配置里没有设置丝材回抽选项

B. 打印温度设置过高

C. 丝材在喷嘴里停留过久

D. 温度传感器损坏

三、简答题

1. FDM 工艺 3D 打印设备常见的故障有哪些？

2. FDM 工艺 3D 打印设备打印时，第一层黏结不牢，被喷头带走，可能的原因有哪些？

3. FDM 工艺 3D 打印设备打印过程中出现丢步现象，可能的原因有哪些？

SL 工艺 3D 打印设备操作与维护

任务一　绘制 SL 工艺 3D 打印设备结构图

学习任务

本任务是了解 SL 工艺 3D 打印设备的基本工作原理，熟悉设备的结构组成，并绘制设备的结构简图，加深对 3D 打印技术的理解。

资讯学习

1. SL 工艺 3D 打印设备一般由激光室、成形室、显示屏及控制室等结构组成，将各组成部分的作用填写在表 2-1-1 中。

▼ 表 2-1-1　SL 工艺 3D 打印设备各组成部分的作用

序号	结构组成	作用
1	激光室	
2	成形室	
3	显示屏	
4	控制室	

2. SL 工艺 3D 打印设备使用了激光器，查阅资料，说一说什么是激光器。

3. 在激光器中，用来实现粒子数反转并产生光的受激辐射放大作用的物质称为激光工作物质，也称为激光增益媒质，查阅资料并在老师的指导下回答：激光工作物质都有哪些形态？激光器对激光工作物质有什么要求？本学校使用的 SL 工艺 3D 打印设备使用的是哪种形态的激光工作物质？

4. 查阅资料并在老师的指导下回答：影响激光器使用的关键问题有哪些？

5. 查阅资料并在老师的指导下回答：涂铺系统的作用是什么？

6. 查阅资料并在老师的指导下回答：树脂槽的作用是什么？本学校使用的 SL 工艺 3D 打印设备的树脂槽的容量是多少？

7. 查阅资料并在老师的指导下将你所用的光敏树脂的具体参数填写在表 2-1-2 中。

▼ 表 2-1-2　光敏树脂的参数

基础参数	参数值	技术参数	参数值
产品名称		拉伸强度	
推荐曝光时间		黏度	
适用波长		弯曲强度	
适用机型		成形收缩率	
密度		热变形温度	
成形表面硬度		断面收缩率	

8. 在老师的指导下完成 SL 工艺 3D 打印设备控制系统的功能认知，并将正确答案写在横线上。

（1）振镜控制的主要功能是在振镜坐标系下，通过指定目标位置控制振镜的偏转角度，获得不同的＿＿＿＿＿＿＿＿。

（2）激光器控制的主要功能是控制当前激光器的功率，通过调节激光器的功率来调节光的＿＿＿＿＿。

（3）树脂温度控制的主要功能是控制树脂温度在＿＿＿＿＿＿＿＿左右，开机后默认启动调节。

（4）轴控制的主要功能是控制 Z 轴升降系统、＿＿＿＿＿＿＿系统和＿＿＿＿＿＿＿的运动。

任务准备

1. 完成分组与工作计划制订，并记录在表 2-1-3 中。

▼ 表 2-1-3　小组成员与工作计划

任务名称	目标要求	组员姓名	任务分工	备注
	1. 小组成员分工合作 2. 制订工作的方法与步骤			组长

续表

任务名称	目标要求	组员姓名	任务分工	备注
	3. 完成任务			
完成任务的方法与步骤				

2. 根据任务要求，以小组为单位领取设备、工具、材料及防护用品等，组员将领到的物品归纳分类并填写在表 2-1-4 中，组长签名确认。

▼ 表 2-1-4　设备、工具、材料及防护用品清单

序号	类别	准备内容	组长签名
1	设备		
2	工具		
3	材料		
4	防护用品		

任务实施

1. 通过观察、查阅资料，叙述 SL 工艺 3D 打印设备的工作原理。

2. 根据本学校使用的 SL 工艺 3D 打印设备，绘制设备的结构简图，并标出各组成部分的名称。

展示与评价

一、成果展示

1. 以小组为单位派代表介绍本组的学习成果，听取并记录其他小组对本组学习成果的评价和建议。

2. 根据其他小组对本组展示成果的评价意见进行归纳总结，完成表 2-1-5 的填写。

▼ 表 2-1-5　组间评价表

姓名		组长签名	
项目		记录	
本小组的信息检索能力如何？		良好□　一般□　不足□	
本小组介绍成果时，表达是否清晰合理？		很好□　需要补充□　不清晰□	
本小组成员的团队合作精神如何？		良好□　一般□　不足□	
本小组成员的创新精神如何？		良好□　一般□　不足□	

掌握的技能：

出现的问题：

解决的方法：

二、任务评价

先按表 2-1-6 所列项目进行自评，再由组长对组员进行评价，将结果填入表中。

▼ 表 2-1-6　任务评价表

班级		姓名		学号		日期	年　月　日
序号	评价要点				配分	自评	组长评
1	能说出车间场地管理要求				10		
2	能说出车间常用设备安全操作规程				10		
3	防护用品穿戴整齐，符合着装要求				10		
4	了解常见 SL 工艺 3D 打印设备的工作原理				40		
5	安全意识、责任意识强				6		
6	积极参加学习活动，按时完成各项任务				6		
7	团队合作意识强，善于与人交流和沟通				6		

续表

序号	评价要点	配分	自评	组长评
8	自觉遵守劳动纪律，不迟到、不早退、中途不离开实训现场	6		
9	严格遵守“6S”管理要求	6		
总计		100		
小结建议				

复习巩固

一、填空题

1. SL 即________________，是最早发展起来的快速成形技术。

2. SL 工艺 3D 打印设备的基本工作原理是以__________为材料，用特定波长与强度的________激光扫描材料表面，使之有序凝固逐层固化。

3. SL 工艺 3D 打印设备一般由激光室、_________、显示屏及控制室等组成。

4. SL 工艺 3D 打印设备的激光室主要由__________、振镜和____________等构成。

5. SL 工艺 3D 打印设备的成形室主要由 Z 轴升降系统、__________、__________、树脂槽和工作台等构成。

6. SL 工艺 3D 打印设备的控制系统主要包括振镜控制、__________、树脂温度控制和轴控制。

二、判断题

1. 由于液体具有自流平属性，因此 SL 工艺 3D 打印设备的涂铺系统基本上没有作用。（　　）

2. SL 工艺 3D 打印设备的控制室主要用于控制激光发射。（　　）

三、单项选择题

1. 下列英文缩写中，（　　）的含义是立体光固化成形。

A. ABS　　B. SL　　C. PLA　　D. SLS

2. SL 工艺 3D 打印设备的激光室主要由（　　）、振镜和动态聚焦镜等构成。

A. 激光器　　B. 激光偏转装置

C. 激光折射装置　　D. 激光反射器

3. 下列选项中，（　　）不是对光敏树脂的性能要求。

A. 光敏性好　　B. 毒性小　　C. 黏度低　　D. 熔融性好

四、简答题

1. SL 工艺 3D 打印设备的控制系统主要包括哪些？

2. SL 工艺 3D 打印设备的树脂温度控制功能是什么？其控制内容主要有哪些？

任务二　操作 SL 工艺 3D 打印设备

学习任务

本任务是了解 SL 工艺 3D 打印设备的工艺流程，正确操作 SL 工艺 3D 打印设备打印产品。

资讯学习

1. 在老师的指导下回答：什么是工件坐标系？SL 工艺 3D 打印设备的工件坐标系是如何规定的？

2. 在老师的指导下回答：什么是振镜坐标系？SL 工艺 3D 打印设备的振镜坐标系是如何规定的？

3. 在老师的指导下，将 SL 工艺 3D 打印设备的工件坐标系中各轴运动方向定义填写在表 2-2-1 中。

▼ 表 2-2-1　各轴运动方向定义

序号	项目	定义
1	$+X$	
2	$+Y$	
3	$+Z$	
4	工作台运动方向	
5	液面轴运动方向	
6	涂铺运动方向	

4. SL 工艺 3D 打印设备的工艺流程一般分为哪几个阶段？SL 工艺与 FDM 工艺 3D 打印设备的工艺流程是否类似？

任务准备

1. 完成分组与工作计划制订，并记录在表 2-2-2 中。

▼ 表 2-2-2　小组成员与工作计划

<table>
<tr><th>任务名称</th><th>目标要求</th><th>组员姓名</th><th>任务分工</th><th>备注</th></tr>
<tr><td rowspan="6"></td><td rowspan="6">1. 小组成员分工合作
2. 制订工作的方法与步骤
3. 完成任务</td><td></td><td></td><td>组长</td></tr>
<tr><td></td><td></td><td></td></tr>
<tr><td></td><td></td><td></td></tr>
<tr><td></td><td></td><td></td></tr>
<tr><td></td><td></td><td></td></tr>
<tr><td></td><td></td><td></td></tr>
<tr><td>完成任务的方法与步骤</td><td colspan="4"></td></tr>
</table>

2. 根据任务要求，以小组为单位领取设备、工具、材料及防护用品等，组员将领到的物品归纳分类并填写在表 2-2-3 中，组长签名确认。

▼ 表 2-2-3　设备、工具、材料及防护用品清单

<table>
<tr><th>序号</th><th>类别</th><th>准备内容</th><th>组长签名</th></tr>
<tr><td>1</td><td>设备</td><td></td><td rowspan="4"></td></tr>
<tr><td>2</td><td>工具</td><td></td></tr>
<tr><td>3</td><td>材料</td><td></td></tr>
<tr><td>4</td><td>防护用品</td><td></td></tr>
</table>

任务实施

1. 叙述 SL 工艺 3D 打印设备打印镂空花瓶样品时模型数据处理的流程。

2. 数据处理

在老师的指导下，根据操作实践，记录数据处理的操作内容和注意事项，并填写在表 2-2-4 中。

▼ 表 2-2-4　数据处理

序号	步骤	操作内容和注意事项
1	模型导入	
2	模型位置摆放	
3	支撑添加	
4	文件导出	

3. 样品制作

在老师的指导下，根据设备使用说明和操作实践，记录样品制作的操作内容和注意事项，并填写在表 2-2-5 中。

▼ 表 2-2-5　样品制作

序号	步骤	操作内容和注意事项
1	开机	（1）按下设备的启停按钮，其 PLC 控制系统控制电源、工业控制计算机、伺服等模块自动完成启动 （2）打开 RPManager 控制软件，启动控制系统。控制系统启动完成后，设备顶部的指示灯由红色变为黄色或绿色

续表

序号	步骤	操作内容和注意事项
2	模型加载	（1）将模型的＿＿＿＿＿＿＿＿＿复制到工业控制计算机中 （2）在 RPManager 控制软件的主界面，单击左侧工具栏中的“加载模型”按钮，加载需要打印的模型 （3）模型加载完成后，可以中间视图区域对模型进行轮廓外形预览、仿真和支撑检查等，保证加载数据准确无误
3	工艺参数设置	根据模型特点设置工艺类型等
4	产品打印	（1）单击工具栏中的“开始制作”按钮，开始打印产品。随时观察打印过程，出现异常及时处理 （2）打印完成后，工作台升出液面，RPManager 控制软件弹出“制作完成”提示
5	关机	（1）先关闭＿＿＿＿＿＿＿＿＿，再关闭＿＿＿＿＿＿＿＿＿，最后按下＿＿＿＿＿＿＿＿＿，即可关闭设备 （2）若长时间不使用设备，应关闭总电源

4. 产品后处理

在老师的指导下，根据操作实践，记录产品后处理的操作内容和注意事项，并填写在表 2-2-6 中。

▼ 表 2-2-6　产品后处理

序号	步骤	操作内容和注意事项
1	取出产品	使用平铲贴着工作台铲下产品，产品过大时可以先铲开产品的边缘，再扶着产品慢慢撬动，避免使劲掰产品
2	去除支撑	倒出未固化的树脂，去除主要支撑，＿＿＿＿＿＿＿＿＿
3	酒精浸泡产品	浸泡时用毛刷蘸＿＿＿＿擦拭产品的表面，等到残余支撑泡软化后将产品取出，用镊子和刻刀等工具将残余支撑去除
4	清洗产品	用干净的酒精冲洗，再用＿＿＿＿吹干
5	二次固化	将产品放入固化箱中进行＿＿＿＿＿＿＿＿，根据产品大小和厚度不同，调节固化的时长和转速，一般固化＿＿＿＿＿分钟
6	打磨产品	使用＿＿＿＿＿＿＿＿＿等进行打磨，打磨时应由＿＿到＿＿，打磨后用气枪吹净粉尘

展示与评价

一、成果展示

1. 以小组为单位派代表介绍本组的学习成果，听取并记录其他小组对本组学习成果的评价和建议。

2. 根据其他小组对本组展示成果的评价意见进行归纳总结，完成表 2-2-7 的填写。

▼ 表 2-2-7　组间评价表

姓名		组长签名	
项目		记录	
本小组的信息检索能力如何？		良好□　一般□　不足□	
本小组介绍成果时，表达是否清晰合理？		很好□　需要补充□　不清晰□	
本小组成员的团队合作精神如何？		良好□　一般□　不足□	
本小组成员的创新精神如何？		良好□　一般□　不足□	

掌握的技能：

出现的问题：

解决的方法：

二、任务评价

先按表 2-2-8 所列项目进行自评，再由组长对组员进行评价，将结果填入表中。

▼ 表 2-2-8　任务评价表

班级		姓名		学号		日期	年　月　日
序号	**评价要点**				**配分**	**自评**	**组长评**
1	能说出车间场地管理要求				10		
2	能说出车间常用设备安全操作规程				10		
3	防护用品穿戴整齐，符合着装要求				10		
4	SL 工艺 3D 打印设备操作过程规范、正确				40		
5	安全意识、责任意识强				6		
6	积极参加学习活动，按时完成各项任务				6		
7	团队合作意识强，善于与人交流和沟通				6		
8	自觉遵守劳动纪律，不迟到、不早退、中途不离开实训现场				6		
9	严格遵守“6S”管理要求				6		
总计					100		
小结建议							

复习巩固

一、填空题

1. SL 工艺 3D 打印的材料是__________。

2. SL 工艺 3D 打印的要求一般为打印产品形状完整，__________，无翘边。

3. SL 工艺 3D 打印设备的坐标系主要分为__________和振镜坐标系。

4. SL 工艺 3D 打印设备的工件坐标系是针对用户规定的，遵循__________法则。

5. SL 工艺 3D 打印设备的振镜又称为__________，由 *XY* 光学扫描头、电子驱动放大器和光学反射镜片组成。

6. SL 工艺 3D 打印设备的振镜坐标系是针对__________规定的，主要用于调试人员单独控制振镜时能按照振镜坐标系来控制激光光斑运动位置。

7. SL 工艺 3D 打印设备能够识别的分层切片文件为_______格式。

8. SL 工艺 3D 打印的分层厚度一般控制在_______ mm 范围内。

二、判断题

1. SL 工艺 3D 打印设备的液位控制定义为 *F* 轴。（　　）

2. SL 工艺 3D 打印设备的涂铺运动定义为 *A* 轴。（　　）

三、单项选择题

1. SL 工艺 3D 打印设备的工件坐标系设定中，如果用户站在设备正面，伸开右手，掌心朝上，中指朝上，大拇指指向为（　　）轴正方向。

A. *X*　　B. *Y*　　C. *Z*　　D. *D*

2. SL 工艺 3D 打印设备的工件坐标系的各轴运动方向定义中，工作台运动方向定义为（　　）轴，上正下负。

A. *X*　　B. *Y*　　C. *Z*　　D. *D*

3. SL 工艺 3D 打印的产品后处理过程中，用酒精浸泡产品的目的是（　　）。

A. 清洗和软化产品　　B. 固化产品

C. 使残余树脂蒸发　　D. 酒精不用清洗

四、简答题

1. SL 工艺 3D 打印设备的工件坐标系是如何规定的？

2. SL 工艺 3D 打印设备的振镜坐标系是如何规定的？

3. SL 工艺 3D 打印设备的轴运动方向是如何规定的?

4. 简述 SL 工艺 3D 打印的工艺流程。

5. SL 工艺 3D 打印设备打印完成后如何取出产品?

任务三　调试 SL 工艺 3D 打印设备

学习任务

SL 工艺 3D 打印设备通常需要经过复杂的调试才能正常工作。本任务是学习 SL 工艺 3D 打印设备的水平度调整和光路系统安装，掌握运动机构的调试、光路系统的调整、液位控制系统的调试、工作台零位的调整、光斑直径的调整、涂铺系统的调整、扫描系统的标定和补偿系数的调整，以确保设备正常工作。

资讯学习

1. 讨论并在老师的指导下回答：为什么 SL 工艺 3D 打印设备需要进行水平度调整?

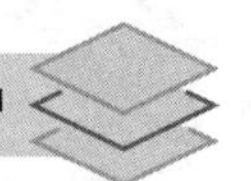

2. SL 工艺 3D 打印设备的光路系统安装一般包括激光器安装、________________、________________、动态聚焦系统安装、电源及数据线连接、其他线缆连接等。

3. SL 工艺 3D 打印设备的运动机构调试一般包括各轴限位开关及运动情况检查和________________等。

4. SL 工艺 3D 打印设备的光路系统调整一般包括反光镜入射调整、________________、光斑停泊位设置和________________等。

5. 讨论并在老师的指导下回答：为什么 SL 工艺 3D 打印设备需要进行液位控制系统调试？

6. SL 工艺 3D 打印设备的液位控制系统调试一般包括清洗树脂槽、________________、调整液位传感器等。

7. 讨论并在老师的指导下回答：为什么 SL 工艺 3D 打印设备需要进行工作台零位调整？

8. 讨论并在老师的指导下回答：为什么 SL 工艺 3D 打印设备需要进行光斑直径调整？

9. 讨论并在老师的指导下回答：为什么 SL 工艺 3D 打印设备需要进行扫描系统标定？

10. 讨论并在老师的指导下回答：为什么 SL 工艺 3D 打印设备需要进行补偿系数调整？

11. 学习 SL 工艺 3D 打印设备的调试技术要求

在进行 SL 工艺 3D 打印设备调试前，要了解 SL 工艺 3D 打印设备调试技术要求的含义。老师讲解完成后，以小组为单位由组长进行检查，将检查结果记录在表 2-3-1 中，并签名确认。

▼ 表 2-3-1　SL 工艺 3D 打印设备的调试技术要求

姓名		组长签名	
序号	**内容**		**是否熟记和理解**
1	调试工作间温度必须保持在（23±3）℃，配有空调及排气设备，相对湿度要求 40% 以下，配有除湿设备		是□　否□
2	调试工作间要求采用白炽灯照明，禁止使用荧光灯等含有紫外光的照明设备，还应安装遮光窗帘，防止太阳光直射		是□　否□
3	调试工作间不得存放腐蚀性或易挥发性有毒物质		是□　否□
4	调试工作间及附近不允许有振动、灰尘，也不得进行引起振动的操作		是□　否□
5	接触导轨、丝杠等精密部件时应戴细棉手套，以防腐蚀		是□　否□
6	确保所使用的量具均有计量检定证书，并且在计量有效期内，掌握所用设备、工具的正确操作方法、维护方法和相关注意事项		是□　否□
7	调试过程中树脂不得溅到刮平台、护板等部位，如果导轨上沾有树脂，应立即用绸布蘸无水乙醇擦拭干净		是□　否□
8	激光器、反射镜、振镜和聚焦镜必须防尘，在操作过程中避免激光直接照射人眼和皮肤		是□　否□
9	在伺服电源打开时，严禁用手拖动同步带运动，以防电动机丢步或损坏		是□　否□

续表

序号	内容	是否熟记和理解
10	导轨、丝杠必须定期维护，先用绸布清洁导轨、丝杠表面，再向滑块、丝母中注入润滑脂	是□　否□
11	用铲刀从工作台铲下产品时要水平用力，不得用力过大，轻铲轻拿	是□　否□
12	测量光斑、十字架等标准测试件的尺寸时，须将零件用酒精清洗干净，去除基本支撑，待酒精自然晾干后再进行测量	是□　否□
13	在安装零部件及周转过程中，注意轻拿轻放，以防损伤零部件	是□　否□
14	需要安装的零部件必须符合产品图纸要求，外购件应有合格证	是□　否□
15	调试时应保证整机清洁，清洁方式如下： （1）机架、喷漆件、喷塑件等用清洁剂擦洗 （2）电器元件用干抹布擦拭干净 （3）机加件（如钢件、铝件）、标准件 [如螺钉、轴承（不含密封轴承）] 用酒精擦洗	是□　否□

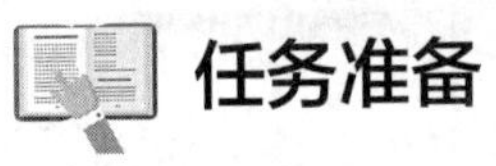

任务准备

1. 完成分组与工作计划制订，并记录在表 2-3-2 中。

▼ 表 2-3-2　小组成员与工作计划

任务名称	目标要求	组员姓名	任务分工	备注
	1. 小组成员分工合作 2. 制订工作的方法与步骤 3. 完成任务			组长
完成任务的方法与步骤				

2. 根据任务要求，以小组为单位领取相应的设备、工具、材料及防护用品和 SL 工艺 3D 打印设备调试所需的零部件等，组员将领到的物品归纳分类并将数量填写在表 2-3-3 和表 2-3-4 中，组长签名确认。

▼ 表 2-3-3　设备、工具、材料及防护用品清单

名称	规格	数量	组长签名
框式水平仪	150 mm，0.02 mm/m		
条式水平仪	150 mm，0.02 mm/m		
钢直尺	1 000 mm		
钢直尺	200 mm		
游标卡尺	150 mm		
万用表	600 V，自动		
标定板	600×600		
活扳手	300 mm		
活扳手	100 mm		
内六角扳手套装	9 件套		
一字旋具	1.2×6.5		
十字旋具	PH2-100		
铲刀			
镊子			
温湿度计			
乳胶手套			
防护眼镜	防紫外激光		

▼ 表 2-3-4　零部件清单

名称	代号	数量	组长签名
激光器	FOTIA-355		
动态聚焦镜	Scanlab		
振镜	Scanlab		
RTC 控制卡	RTC4		
激光头安装支座	SPS350X-GL-04		
反射镜组件	SPS350X-GL-FJ-00		

任务实施

一、水平度调整

在老师的指导下，根据操作实践，记录水平度调整的操作内容和注意事项，并填写在表 2-3-5 中。

▼ 表 2-3-5　水平度调整

序号	步骤	操作内容和注意事项
1	机架 水平度调整	（1）将设备四角的支腿用扳手升起，仅用________支撑设备 （2）打开设备后柜门 （3）将________________放置在后柜门内立板的后侧平面，观察________位置判断设备左右是否水平，观察________位置判断设备前后是否水平，若不水平，调整至水平 （4）将________________放置在后柜门内立板的左侧平面，观察________位置判断设备前后是否水平，观察________位置判断设备左右是否水平，若不水平，调整至水平 （5）重复（3）和（4），直至水平仪在立板后侧和左侧相同位置两个方向的气泡均________时，即表示设备整机水平度调整完成
2	光路板 水平度调整	（1）将________________放置在光路板上，接触平稳并保持位置不变 （2）松开锁紧螺母，观察水平仪的气泡位置，通过旋转光路板四角的螺纹管来调整光路板各角的高低，直到水平仪在两个方向的气泡均________时，即表示光路板水平度调整完成 （3）固定锁紧螺母
3	刮平台 水平度调整	（1）将条式水平仪放置在刮平台一侧的导轨上 （2）观察水平仪的气泡位置，通过旋转刮平台下方的螺纹管来调整四角的高低，使刮平台一侧前后达到水平状态 （3）将条式水平仪放置在刮平台另一侧的导轨上 （4）重复（2）进行另一侧前后水平度调整，直至两条导轨均达到水平度要求
4	刮刀 水平度调整	（1）将框式水平仪放置在________________上 （2）将滑车梁移动至________ （3）观察水平仪的气泡位置，调整导轨下方与滑车梁接近的螺纹管，待水平仪气泡居中时，表明刮刀近端水平 （4）将滑车梁移动至________ （5）重复（3）进行另一端调整，直至刮刀达到水平度要求

二、光路系统安装

在老师的指导下，根据操作实践，记录光路系统安装的操作内容和注意事项，并填写在表 2-3-6 中。

▼ 表 2-3-6 光路系统安装

序号	步骤	操作内容和注意事项
1	激光器安装	（1）取出激光器（需要两人配合，分别拿出电源箱和激光头） （2）将电源箱安放在隔板上 （3）激光头通过设备框架空隙轻放在光路板上，并用螺钉固定在安装支座上 （4）将预留的电源线连接至激光器电源箱
2	振镜安装	（1）将定位销插入光路板上的振镜安装支架对应定位孔中 （2）将振镜从包装箱中轻轻拿出 （3）利用垫高梯将其对接到支架的定位销上，一只手托着振镜，另一只手使用固定螺钉将其与支架连接紧固
3	反光镜组件安装	反光镜组件由________、________和调节机构组成。反光镜组件安装在_________上的相应位置，其高度可调，通过调节螺钉还可以对激光进行________、________微调
4	动态聚焦系统安装	动态聚焦系统由______________和动态聚焦卡组成。安装动态聚焦镜时，先将动态聚焦镜放入安装支架，使调节环朝向振镜，入光口两个螺钉保持水平，然后拧紧动态聚焦镜的两个固定螺钉，将动态聚焦镜位置紧固
5	电源、数据线、线缆等连接	（1）电源、数据线、线缆等连接过程中应注意电气设备、电源、数据线、线缆之间有足够的______________，以保证相互之间不发生_______________，进而保证设备工作安全可靠 （2）如果电源、数据线、线缆发热，应尽量安装在______________的地方 （3）如果电源、数据线、线缆发热，需要使用线槽安装，线槽应平整、无扭曲变形，内壁应光滑、无毛刺，线槽接口应平直、严密，槽盖应齐全、平整、无翘角 （4）电源、数据线、线缆的连接要注意是否符合周围环境，连接插头和线缆的____________________要与环境相匹配 （5）不管是矩形接口还是圆形接口，在连接过程中应注意连接端口的________、公母和________，要保证针数匹配，方向和公母正确

三、运动机构调试

在老师的指导下，根据操作实践，记录运动机构调试的操作内容和注意事项，并填写在表 2-3-7 中。

▼ 表 2-3-7 运动机构调试

序号	步骤	操作内容和注意事项
1	各轴限位开关及运动情况检查	（1）运行 RPManager 控制软件，选择“机器”菜单栏下的“高级控制”选项 （2）在“高级控制”界面的“*Z* 轴”模块，对 *Z* 轴进行移动，如小步进或者抬升、下降，观察________________ （3）在“高级控制”界面的“*B* 轴”模块，对 *B* 轴进行移动，如小步进或者抬升、下降，观察________________ （4）在“高级控制”界面的“*F* 轴”模块，对 *F* 轴进行移动，如小步进或者抬升、下降，观察________________
2	机构运动行程测试	（1）运行 RPManager 控制软件，选择“机器”菜单栏下的“机器调试”选项，单击“轴距离调试”按钮 （2）选择右侧“工作台零位”模块中的 10 步进，单击“下降”按钮，等待工作台下降到刮刀下方 （3）单击左侧“轴行程”模块中 *F* 轴后的“校准”按钮，系统将________________，“轴行程”模块中显示该轴的行程数值后，按“设置”按钮保存该轴行程 （4）单击左侧“轴行程”模块中 *B* 轴后的“校准”按钮，系统将________________，“轴行程”模块中显示该轴的行程数值后，按“设置”按钮保存该轴行程 （5）单击左侧“轴行程”模块中 *Z* 轴后的“校准”按钮，系统将________________，“轴行程”模块中显示该轴的行程数值后，按“设置”按钮保存该轴行程

四、光路系统调整

在老师的指导下，根据操作实践，记录光路系统调整的操作内容和注意事项，并填写在表 2-3-8 中。

▼ 表 2-3-8 光路系统调整

序号	步骤	操作内容和注意事项
1	反光镜入射调整	（1）戴好__________（切记不要目光直视激光） （2）启动设备，利用激光器发出的__________进行调整 （3）调整反光镜高度使激光到达反光镜片中间位置，并将反光镜角度旋转至与激光器出光口成 45° （4）用纸片置于反光镜片前辅助观察，当观察到有入射和反射两个光斑时，反光镜入射调整完成

续表

序号	步骤	操作内容和注意事项
2	反射光路调整	（1）运行 RPManager 控制软件，选择“机器”菜单栏下的“基础控制”选项 （2）在“光路系统”模块，将光斑移动至中心位置 （3）关闭振镜下方的盖板，将纸片放置在振镜正下方 （4）调整反光镜后方的调节螺钉，使激光从聚焦镜入光口中心进入，从振镜射出 （5）继续仔细调整反光镜后方的调节螺钉，直至光斑成________
3	光斑停泊位设置	（1）反射光路调整完成后，移去纸片，打开振镜下方的盖板，使激光进入成形室 （2）运行 RPManager 控制软件，选择“机器”菜单栏下的“高级控制”选项 （3）在“振镜”模块，点击“功率检测点”后的“跳转”按钮，激光光斑即跳转至停泊位 （4）用纸片观察激光是否进入成形室内右上角的光功率测头中心；如果没有进入，使用“基础控制”选项中的移动工具对光斑进行偏移，直至光斑进入__________ （5）点击“振镜”模块中“设置为停泊位置”按钮，将该位置设置为停泊位
4	激光器功率校正	（1）运行 RPManager 控制软件，选择“机器”菜单栏下的“机器调试”选项 （2）单击“激光功率”按钮、“开始校正”按钮，系统自动进行激光功率特征数据采集，待数据采集完成后，单击“生成曲线”按钮，激光功率模块中自动生成一条曲线，单击“保存结果”按钮进行保存 （3）在“验证”模块的“功率设定值”栏中输入一个功率值，单击“检测功率”按钮，____________________。如果相等，则说明校正准确；如果不相等，则重复上述步骤直至验证准确

五、液位控制系统调试

在老师的指导下，根据操作实践，记录液位控制系统调试的操作内容和注意事项，并填写在表 2-3-9 中。

▼ 表 2-3-9　液位控制系统调试

序号	步骤	操作内容和注意事项
1	清洗树脂槽	（1）戴上________ （2）拆下工作台网板 （3）关闭树脂槽后方的球阀 （4）使用______________对树脂槽进行清洗 （5）清洗干净后打开球阀排出酒精，并用干净抹布擦干树脂槽和球阀管道 （6）树脂槽干燥后关闭球阀，装回工作台网板

续表

序号	步骤	操作内容和注意事项
2	添加树脂	（1）运行 RPManager 控制软件，选择“机器”菜单栏下的“高级控制”选项，在“*Z* 轴”模块中单击“下降”按钮，调整刮刀与网板间隙约为 5 mm （2）在“*B* 轴”模块中，单击“使能关”按钮，解锁 *B* 轴电动机，手动将刮刀缓慢移到工作台后方 （3）戴上乳胶手套，打开树脂桶盖，向树脂槽中缓慢添加树脂，当液面高度与树脂槽内刻度尺红色刻度相持平时停止添加 在添加树脂过程中，关闭光功率测头盖板，注意不要将树脂溅到树脂槽之外
3	调整液位传感器	（1）测量高度调整 1）一人（A）运行 RPManager 控制软件，选择“机器”菜单栏下的“机器调试”选项，单击“轴距离调试”按钮 2）另一人（B）在设备后方打开右侧后门，找到液位传感器，稍微松动螺钉，扶住液位传感器上下轻微移动 3）A 观察“液位零位”模块中液位传感器值的变化，当检测值达到测量范围中间值后，B 固定液位传感器的位置 （2）液位传感器安装稳定性检查 1）在“液位零位”模块中，每隔 5 ~ 10 s 单击一次“液位值”后的“刷新”按钮，观测液位传感器值的变化并记录 2）当______________液位传感器值的变化范围稳定在________以内时，说明液位稳定；如果变化较大，则重新调整液位传感器测量高度 （3）液位零位设置。确认液位稳定后，即可在“液位零位”模块中单击“液位传感器值”后的“设为零位”按钮，将当前液位高度设置为液位零位，即____________________

六、工作台零位调整

在老师的指导下，根据操作实践，记录工作台零位调整的操作内容和注意事项，并填写在表 2-3-10 中。

▼ 表 2-3-10　工作台零位调整

步骤	操作内容和注意事项
工作台零位调整	（1）确定标准液位之后，运行 RPManager 控制软件 （2）选择“机器”菜单栏下的“基础控制”选项，在“工作台”模块，缓慢移动工作台，使工作台网板上表面高出树脂液面 0.5 mm 左右 （3）选择“机器”菜单栏下的“机器调试”选项，在“工作台零位”模块，单击“轴位置”后的“设为零位”按钮，设置当前位置为______________

七、光斑直径调整

在老师的指导下，根据操作实践，记录光斑直径调整的操作内容和注意事项，并填写在表 2-3-11 中。

▼ 表 2-3-11　光斑直径调整

序号	步骤	操作内容和注意事项
1	光斑测试件打印与测量	（1）运行 RPManager 控制软件，加载光斑测试件件文件并开始打印 （2）打印完成后，使用游标卡尺分别测量十字支撑的壁厚。小十字件是通过激光单线单次扫描十字支撑路径后成形的，从而间接得出光斑补偿直径
2	光斑直径调整	（1）如果测得光斑直径大于 0.15 mm，需要调整动态聚焦镜上的聚焦环，向任意方向旋转一个刻度，再次打印光斑测试件并测量光斑直径 （2）如此循环往复直至光斑直径小于________

八、涂铺系统调整

在老师的指导下，根据操作实践，记录涂铺系统调整的操作内容和注意事项，并填写在表 2-3-12 中。

▼ 表 2-3-12　涂铺系统调整

序号	步骤	操作内容和注意事项
1	涂铺参数校准	（1）运行 RPManager 控制软件，选择“机器”菜单栏下的“机器调试”选项，单击“智能涂铺”按钮 （2）在“零位距离”模块，校准________________ （3）在“刮平避让距离”模块，校准________________ （4）在“刮平最大位置”模块，校准________________________
2	刮刀高度测试	（1）运行 RPManager 控制软件，导入刮刀测试文件并开启打印 （2）在打印过程中，观察扫描散射的激光光束是否为一条直线及扫描固化的平面是否平整，判断刮刀高度调整是否合适 （3）如果成形面____________，则说明刮刀过高，需要逆时针转动旋钮降低刮刀；如果成形面____________，则说明刮刀过低，需要顺时针转动旋钮抬高刮刀 （4）调整后继续观察，直至成形面平整后，固定调平螺钉

九、扫描系统标定

在老师的指导下，根据操作实践，记录扫描系统标定的操作内容和注意事项，并填写在表 2-3-13 中。

▼ 表 2-3-13　扫描系统标定

序号	步骤	操作内容和注意事项
1	工作准备	（1）运行 RPManager 控制软件，选择“机器”菜单栏下的“基础控制”选项，通过“工作台”模块，将工作台移至__________以下 25 mm 处 （2）打开树脂槽后方球阀，放出部分树脂，直至工作台完全露出__________ （3）将标定板放置在钳工工作台上并将四边高度均调整至 25 mm （4）将标定板轻轻置于网板中央，在标定板上放置__________ （5）观察水平仪的气泡位置，调整标定板上的旋钮使标定板保持水平 （6）将标定文件拷贝到 D 盘根目录下，双击启动标定程序 CorreData
2	振镜标定	（1）打开标定程序，单击“加载测试标准”按钮，选择标准测试文件，单击“打开”按钮加载标准测试文件，界面右侧会显示需要进行标定的数据点 （2）单击“加载 CTB”按钮，在弹出的“重新加载 CTB 文件”对话框中，选择振镜标定原始文件，单击“打开”按钮加载文件 （3）振镜标定 1）在标定程序界面，选择右侧任意一个______，振镜会跳转到其相应位置 2）选择_______，观察激光光斑与标定板上对应的十字刻线交叉点是否对齐，如果没有对齐，轻移标定板使其对齐 3）选择最__________，观察光斑与该点十字水平线是否共线，如果没有共线，绕中心点轻轻转动标定板使其共线，并来回检查光斑与标定板上十字刻线的位置，直至中心点重合、最左侧中间点共线 4）观察光斑实际位置与标定板对应十字刻线位置的偏差，使用标定程序界面中间的微调按钮进行调整。调整时，还可以使用界面左侧上部的“步距”挡位调节单次微调步进距离，此步进距离与分辨率直接相关。在确认微调无误后，单击界面中间的“OK”按钮，对数据点进行记录。该点标定位置被记录后，界面右侧相应的数据点即显示为红色 5）待全部数据点记录完成后，标定操作完成 （4）单击标定程序界面左侧下部的“保存 DAT”按钮，在弹出的__________对话框中输入导出数据的文件名（*.dat），单击“保存”按钮，即可导出当前记录的标定数据 （5）运行 correXion 程序，打开__________ （6）在标定计算工具中单击“Load Data File”按钮加载导出的标定数据文件，单击“Calculate CTB”按钮进行__________ （7）计算完成后，单击“Save CTB”按钮保存计算生成的新标定文（*.ctb）。检查确认标定误差（max. Error at Testpoints）是否满足标定要求，一般要求误差不大于_______。保存完成后，点击“Exit”按钮退出标定计算工具
3	标定完成	若标定误差不满足标定要求，需要再次进行标定，直至标定误差满足标定要求

十、补偿系数调整

在老师的指导下，根据操作实践，记录补偿系数调整的操作内容和注意事项，并填写在表 2-3-14 中。

▼ 表 2-3-14　补偿系数调整

序号	步骤	操作内容和注意事项
1	添加树脂	将之前放出的树脂添加到树脂槽中，并解锁 *B* 轴电动机，手动推动刮刀使用真空吸附系统消除树脂液面的小气泡
2	精度校验	（1）打开 RPManager 控制软件，加载十字架标准测试件模型数据文件并开启打印，直到打印完成 （2）取出十字架标准测试件，用________清洗并吹干，然后使用游标卡尺分别测量 *X*、*Y* 方向的尺寸并进行记录 （3）打开 RPManager 控制软件参数设置界面，找到 *X*、*Y* 方向的补偿系数，将新的________________填入其中。新补偿系数的计算方法：以 *X* 轴为例，用 *X* 方向的理论尺寸除以对应的实际测量尺寸，再乘以 *X* 方向的原补偿系数（默认为 1）得到新的补偿系数 （4）参数修改完成后，再次开启十字架标准测试件的打印，打印完成后再次进行测量。如此循环往复直至实际测量值符合精度要求（十字架标准件的尺寸偏差范围通常不超过 ±0.1 mm）

展示与评价

一、成果展示

1. 以小组为单位派代表介绍本组的学习成果，听取并记录其他小组对本组学习成果的评价和建议。

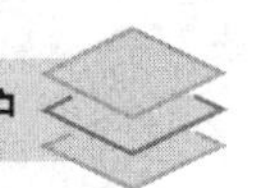

2. 根据其他小组对本组展示成果的评价意见进行归纳总结，完成表 2-3-15 的填写。

▼ 表 2-3-15　组间评价表

姓名		组长签名	
项目		记录	
本小组的信息检索能力如何?		良好□　一般□　不足□	
本小组介绍成果时，表达是否清晰合理?		很好□　需要补充□　不清晰□	
本小组成员的团队合作精神如何?		良好□　一般□　不足□	
本小组成员的创新精神如何?		良好□　一般□　不足□	
掌握的技能： 出现的问题： 解决的方法：			

二、任务评价

先按表 2-3-16 所列项目进行自评，再由组长对组员进行评价，将结果填入表中。

▼ 表 2-3-16　任务评价表

班级		姓名		学号		日期	年　月　日
序号	评价要点				配分	自评	组长评
1	能说出车间场地管理要求				10		
2	能说出车间常用设备安全操作规程				10		
3	防护用品穿戴整齐，符合着装要求				10		
4	能正确调试 SL 工艺 3D 打印设备				40		
5	安全意识、责任意识强				6		
6	积极参加学习活动，按时完成各项任务				6		
7	团队合作意识强，善于与人交流和沟通				6		

续表

序号	评价要点	配分	自评	组长评
8	自觉遵守劳动纪律，不迟到、不早退、中途不离开实训现场	6		
9	严格遵守“6S”管理要求	6		
总计		100		
小结建议				

复习巩固

一、填空题

1. SL 工艺 3D 打印设备的调试工作间温度必须保持在＿＿＿＿＿＿℃，相对湿度要求＿＿＿＿＿＿% 以下，配有除湿设备。

2. SL 工艺 3D 打印设备的调试工作间要求采用白炽灯照明，禁止使用荧光灯等含有＿＿＿＿的照明设备，还应安装遮光窗帘，防止太阳光直射。

3. SL 工艺 3D 打印设备的调试工作间不得存放腐蚀性或易挥发性有＿＿物质。

4. SL 工艺 3D 打印设备的调试工作间及附近不允许有＿＿＿、＿＿＿，也不得进行引起振动的操作。

5. SL 工艺 3D 打印设备调试过程中，接触导轨、丝杠等精密部件时应戴细棉＿＿＿＿＿＿＿，以防腐蚀。

6. SL 工艺 3D 打印设备调试过程中，应确保所使用的量具均有＿＿＿＿＿＿＿＿＿＿，并且在计量有效期内。

7. SL 工艺 3D 打印设备调试过程中，如果导轨上沾有树脂，应立即用绸布蘸＿＿＿＿＿＿＿擦拭干净。

8. SL 工艺 3D 打印设备操作过程中，应避免激光直接照射＿＿＿和＿＿＿。

9. SL 工艺 3D 打印设备在伺服电源打开时，严禁用手拖动同步带运动，以防＿＿＿＿丢步或损坏。

10. SL 工艺 3D 打印设备在调试过程中，测量光斑、十字架等标准测试件的尺寸时，须将零件用＿＿＿＿清洗干净，去除基本支撑，待自然晾干后再进行测量。

11. 需要安装的零部件必须符合产品图纸要求，外购件应有________。

12. SL 工艺 3D 打印设备调试完成，要求水平度精度达到________。

13. SL 工艺 3D 打印设备的光路系统一般包含激光器、____________、RTC 控制卡、动态聚焦镜和动态聚焦卡、________________等。

14. 当 SL 工艺 3D 打印设备扫描较大幅面时，为了补偿静态聚焦在打印幅面边缘因光斑拉长为椭圆所产生的精度偏差，设备配有________________。

二、判断题

1. 清洗 SL 工艺 3D 打印设备的各个零部件时，酒精的浓度越大越好。（　　）

2. SL 工艺 3D 打印设备的光斑直径越大，设备的精度越高。（　　）

三、单项选择题

1. SL 工艺 3D 打印设备的调试车间应采用（　　）灯光进行照明。

A. 白炽灯　B. 荧光灯　C. 自然光　D. 紫外光

2. SL 工艺 3D 打印设备在整机调平时要求水平度误差小于（　　）mm。

A. 0.02　B. 0.04　C. 0.06　D. 0.08

3. SL 工艺 3D 打印设备的调试工作间温度必须保持在（23±3）℃，配有空调及排气设备，相对湿度要求（　　）% 以下，配有除湿设备。

A. 40　B. 60　C. 80　D. 20

四、简答题

1. SL 工艺 3D 打印设备调试时应保证整机清洁，清洁过程中应注意哪些事项?

2. 为什么要严格控制调试环境的温度与湿度?

3. 为什么 SL 工艺 3D 打印设备要配备动态聚焦系统?

任务四　测试 SL 工艺 3D 打印设备的加工精度

学习任务

本任务是依据《立体光固化激光快速成形机床　技术条件》（JB/T 10626—2006）中的机床加工精度检验及评估方法对 SPS600 型 SL 工艺 3D 打印设备进行加工精度测试，掌握 SL 工艺 3D 打印设备加工精度检验及评估方法，并对评估结果进行统计分析，绘制统计图。

资讯学习

1. 查阅资料并在老师的指导下，说一说《立体光固化激光快速成形机床　技术条件》（JB/T 10626—2006）规定了哪些内容。

2. 查阅资料并在老师的指导下，说一说《立体光固化激光快速成形机床　技术条件》（JB/T 10626—2006）的“机床运转试验”主要有哪些内容。

任务准备

1. 完成分组与工作计划制订，并记录在表 2-4-1 中。

▼ 表 2-4-1　小组成员与工作计划

<table>
<tr><th>任务名称</th><th>目标要求</th><th>组员姓名</th><th>任务分工</th><th>备注</th></tr>
<tr><td rowspan="6"></td><td rowspan="6">1. 小组成员分工合作
2. 制订工作的方法与步骤
3. 完成任务</td><td></td><td></td><td>组长</td></tr>
<tr><td></td><td></td><td></td></tr>
<tr><td></td><td></td><td></td></tr>
<tr><td></td><td></td><td></td></tr>
<tr><td></td><td></td><td></td></tr>
<tr><td></td><td></td><td></td></tr>
<tr><td>完成任务的方法与步骤</td><td colspan="4"></td></tr>
</table>

2. 根据任务要求，以小组为单位领取设备、工具、材料及防护用品等，组员将领到的物品归纳分类并填写在表 2-4-2 中，组长签名确认。

▼ 表 2-4-2　设备、工具、材料及防护用品清单

<table>
<tr><th>序号</th><th>类别</th><th>准备内容</th><th>组长签名</th></tr>
<tr><td>1</td><td>设备</td><td></td><td rowspan="4"></td></tr>
<tr><td>2</td><td>工具</td><td></td></tr>
<tr><td>3</td><td>材料</td><td></td></tr>
<tr><td>4</td><td>防护用品</td><td></td></tr>
</table>

任务实施

1. 根据教材中图 2-4-1，创建 USER-PART 精度测试件的三维模型。

2. 操作 SL 工艺 3D 打印设备，在工作台中心位置和四个角中任意一个角的位置分别打印一个测试件。

3. 对打印完成的试件进行简单后处理，然后用游标卡尺按照教材中图 2-4-1 所示位置进行测量，测量结果填写在表 2-4-3 中。工作台中心位置试件的测量结果记为测量值 1，一角位置试件的测量结果记为测量值 2。

▼ 表 2-4-3　试件精度测量表　　（单位：mm）

测量位置 X方向	理论值	测量值 1	测量值 2	测量位置 Y方向	理论值	测量值 1	测量值 2	测量位置 Z方向	理论值	测量值 1	测量值 2
*DX*1	2			*DY*1	2			*DZ*1	2		
*DX*2	2			*DY*2	2			*DZ*2	5		
*DX*3	3			*DY*3	3			*DZ*3	7		
*DX*4	4			*DY*4	4			*DZ*4	9		
*DX*5	4			*DY*5	4			*DZ*5	12		
*DX*6	5			*DY*6	5			*DZ*6	12		
*DX*7	7			*DY*7	7			*D*19	2		
*DX*8	10			*DY*8	10			*D*20	2		
*DX*9	10			*DY*9	10						
*DX*10	10			*DY*10	10						
*DX*11	10			*DY*11	10						
*DX*12	10			*DY*12	10						
*DX*13	10			*DY*13	10						
*DX*14	10			*DY*14	10						
*DX*15	48			*DY*15	48						
*DX*16	48			*DY*16	48						
*DX*17	48			*DY*17	48						
*DX*18	48			*DY*18	48						
*DX*19	120			*DY*19	120						
*DX*20	120			*DY*20	120						

4. 根据表 2-4-3 计算偏差值，并进行偏差频次统计，填写在表 2-4-4 中。

▼ 表 2-4-4　偏差频次统计表

偏差 /mm	> -0.12 ~ -0.10	> -0.10 ~ -0.08	> -0.08 ~ -0.06	> -0.06 ~ -0.04	> -0.04 ~ -0.02	> -0.02 ~ 0
频次						
偏差 /mm	> 0 ~ 0.02	> 0.02 ~ 0.04	> 0.04 ~ 0.06	> 0.06 ~ 0.08	> 0.08 ~ 0.10	> 0.10 ~ 0.12
频次						

5. 根据表 2-4-4，绘制偏差频次分布图（见图 2-4-1）。

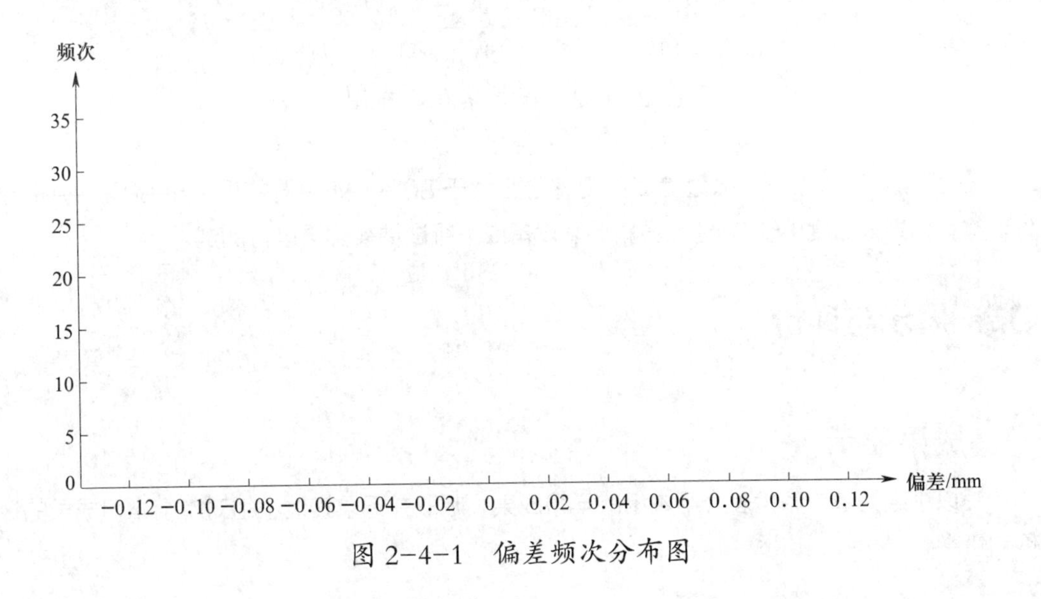

图 2-4-1　偏差频次分布图

6. 根据图 2-4-1 和表 2-4-4，计算误差累积百分比，并填写在表 2-4-5 中。

▼ 表 2-4-5　误差累积百分比统计表

误差 /mm	0 ~ 0.02	0 ~ 0.04	0 ~ 0.06	0 ~ 0.08	0 ~ 0.10	0 ~ 0.12
次数						
累积 %						

7. 根据表 2-4-5，绘制误差累积分布图（见图 2-4-2）。

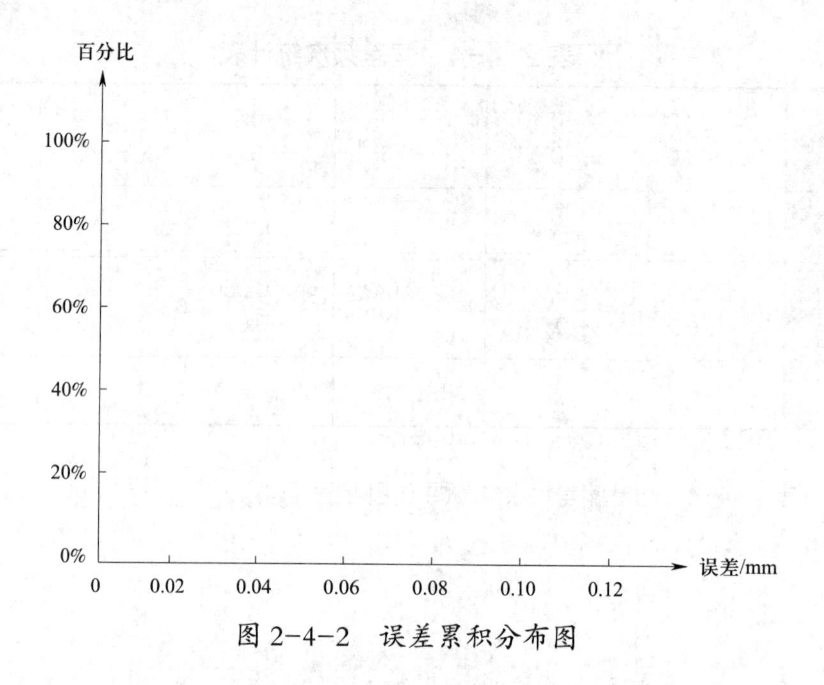

图 2-4-2　误差累积分布图

8. 根据图 2-4-2，求出置信度并观察是否大于 80%。如果置信度大于 80%，判断试件合格；如果置信度小于 80%，重新调整设备或进行试件补偿再进行测试。

展示与评价

一、成果展示

1. 以小组为单位派代表介绍本组的学习成果，听取并记录其他小组对本组学习成果的评价和建议。

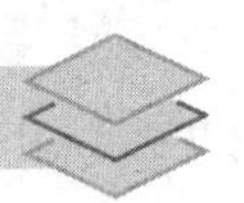

2. 根据其他小组对本组展示成果的评价意见进行归纳总结，完成表 2-4-6 的填写。

▼ 表 2-4-6　组间评价表

姓名		组长签名	
项目		记录	
本小组的信息检索能力如何？		良好□　一般□　不足□	
本小组介绍成果时，表达是否清晰合理？		很好□　需要补充□　不清晰□	
本小组成员的团队合作精神如何？		良好□　一般□　不足□	
本小组成员的创新精神如何？		良好□　一般□　不足□	
掌握的技能： 出现的问题： 解决的方法：			

二、任务评价

先按表 2-4-7 所列项目进行自评，再由组长对组员进行评价，将结果填入表中。

▼ 表 2-4-7　任务评价表

班级		姓名		学号		日期	年　月　日
序号	评价要点				配分	自评	组长评
1	能说出车间场地管理要求				10		
2	能说出车间常用设备安全操作规程				10		
3	防护用品穿戴整齐，符合着装要求				10		
4	SL 工艺 3D 打印设备加工精度测试过程规范、正确				40		
5	安全意识、责任意识强				6		
6	积极参加学习活动，按时完成各项任务				6		
7	团队合作意识强，善于与人交流和沟通				6		
8	自觉遵守劳动纪律，不迟到、不早退、中途不离开实训现场				6		

续表

序号	评价要点	配分	自评	组长评
9	严格遵守“6S”管理要求	6		
总计		100		
小结 建议				

复习巩固

一、填空题

1. SL 工艺 3D 打印设备加工精度的测试依据是《立体光固化激光快速成形机床　技术条件》(JB/T 10626—2006) 中的______________检验及评估方法。

2. 设备精度越高，偏差频次的偏差范围应越___________。

二、判断题

1. USER-PART 精度测试件的结构越简单越好，测量尺寸越少越好。（　　）

2. FDM 工艺 3D 打印设备加工精度测试件的精度比 SL 工艺 3D 打印设备加工精度测试件的精度高。（　　）

三、单项选择题

1. SL 工艺 3D 打印设备使用较硬树脂的优点是（　　）。

A. 更好地展现模型细节　　B. 便于设备打印

C. 便于模型保持　　D. 便于模型添加支撑

2. SL 工艺 3D 打印设备使用的打印材料为（　　）。

A. 光敏树脂　　B. 尼龙粉末　　C. 陶瓷粉末　　D. 金属粉末

3. SL 工艺 3D 打印设备加工精度测试的置信度一般设置为（　　）%。

A. 40　　B. 60　　C. 80　　D. 100

四、简答题

JB/T、GB/T、GB 之间的区别是什么?

任务五　诊断与排除 SL 工艺 3D 打印设备的故障

学习任务

SL 工艺 3D 打印设备在工作过程中可能出现各种设备故障，本任务是学习诊断 SL 工艺 3D 打印设备的故障，并掌握排除故障的方法。

资讯学习

1. 在老师的指导下回答：支撑未能固化在工作台上的原因是什么？

2. 在老师的指导下回答：打印第一层实体飘离的原因是什么？

3. 打印完成后产品较软，易变形的原因一般是________________________________或激光到达液面功率较低。

4. 打印完成后产品部分特征缺失的原因一般是存在未加支撑的悬空区域或______________________________。

5. 打印产品存在不规律错层的原因一般是打印过程中液位存在异常波动、______________________________或电脑系统中病毒。

6. 打印产品存在规律错层的原因一般是 Z 轴丝杠及导轨直线度出现问题或______________________________。

7. 打印产品的较大平面出现凹陷或者凸起的原因一般是______________________________。

8. 刮平过程中出现异响的原因一般是左右同步带与同步带轮张紧程度不一或______________________________。

9. 激光功率检测一直过低的原因一般是功率传感器有污染或损坏、激光被遮挡或______________________________。

10. 无法正常开启打印的原因一般是______________________________或液位未调整至设定值。

11. 软件无法控制设备动作的原因一般是______________________________。

12. 激光器发出蜂鸣声的原因一般是______________________________。

13. 在老师的指导下回答：产品被刮坏的原因是什么？

14. 打印过程中异常停止的原因一般是______________________________或分层数据异常。

15. 激光器出口功率与液面功率误差超 40% 的原因一般是______________________________。

16. 打印产品 X、Y 方向尺寸误差超出正常范围的原因一般是振镜本身导致的误差或______________________________。

17. 打印产品 Z 方向尺寸误差超出正常范围的原因一般是______________________________。

任务准备

1. 完成分组与工作计划制订，并记录在表 2-5-1 中。

▼ 表 2-5-1　小组成员与工作计划

<table>
<tr><th>任务名称</th><th>目标要求</th><th>组员姓名</th><th>任务分工</th><th>备注</th></tr>
<tr><td rowspan="6"></td><td rowspan="6">1. 小组成员分工合作
2. 制订工作的方法与步骤
3. 完成任务</td><td></td><td></td><td>组长</td></tr>
<tr><td></td><td></td><td></td></tr>
<tr><td></td><td></td><td></td></tr>
<tr><td></td><td></td><td></td></tr>
<tr><td></td><td></td><td></td></tr>
<tr><td></td><td></td><td></td></tr>
<tr><td>完成任务的方法与步骤</td><td colspan="4"></td></tr>
</table>

2. 根据任务要求，以小组为单位领取设备、工具、材料及防护用品等，组员将领到的物品归纳分类并填写在表 2-5-2 中，组长签名确认。

▼ 表 2-5-2　设备、工具、材料及防护用品清单

<table>
<tr><th>序号</th><th>类别</th><th>准备内容</th><th>组长签名</th></tr>
<tr><td>1</td><td>设备</td><td></td><td rowspan="4"></td></tr>
<tr><td>2</td><td>工具</td><td></td></tr>
<tr><td>3</td><td>材料</td><td></td></tr>
<tr><td>4</td><td>防护用品</td><td></td></tr>
</table>

任务实施

1. 排除故障演练

排除故障的步骤一般包括观察故障现象、分析故障原因、确认故障点、排除故障、复检设备、验收、总结故障维修经验。以打印产品存在规律错层故障现象为例，记录故障排除过程，填写在表 2-5-3 中，并由老师判断排除方法是否正确。

▼ 表 2-5-3　故障排除过程

序号	步骤	操作内容	老师判断
1	观察故障现象	打印产品存在规律错层	
2	分析故障原因		
3	确认故障点		
4	排除故障		
5	复检设备		
6	验收		
7	总结故障维修经验		

2. 在老师的指导下回答：为什么故障排除后要进行设备复检？

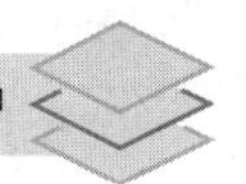

3. 在老师的指导下回答：为什么故障排除后要进行验收？

4. 在老师的指导下回答：为什么故障排除后要总结故障维修经验？

展示与评价

一、成果展示

1. 以小组为单位派代表介绍本组的学习成果，听取并记录其他小组对本组学习成果的评价和建议。

2. 根据其他小组对本组展示成果的评价意见进行归纳总结，完成表 2-5-4 的填写。

▼ 表 2-5-4　组间评价表

姓名		组长签名	
项目		记录	
本小组的信息检索能力如何？		良好□　一般□　不足□	
本小组介绍成果时，表达是否清晰合理？		很好□　需要补充□　不清晰□	
本小组成员的团队合作精神如何？		良好□　一般□　不足□	

续表

项目	记录
本小组成员的创新精神如何?	良好□　一般□　不足□
掌握的技能： 出现的问题： 解决的方法：	

二、任务评价

先按表 2-5-5 所列项目进行自评，再由组长对组员进行评价，将结果填入表中。

▼ 表 2-5-5　任务评价表

班级		姓名		学号		日期	年　月　日
序号	评价要点				配分	自评	组长评
1	能说出车间场地管理要求				10		
2	能说出车间常用设备安全操作规程				10		
3	防护用品穿戴整齐，符合着装要求				10		
4	SL 工艺 3D 打印设备故障诊断与排除过程规范、正确，故障排除成功				40		
5	安全意识、责任意识强				6		
6	积极参加学习活动，按时完成各项任务				6		
7	团队合作意识强，善于与人交流和沟通				6		
8	自觉遵守劳动纪律，不迟到、不早退、中途不离开实训现场				6		
9	严格遵守“6S”管理要求				6		
总计					100		
小结建议							

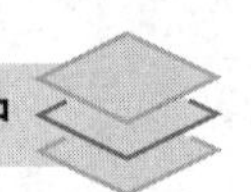

复习巩固

一、填空题

1. SL 工艺 3D 打印设备打印过程中，根据材料合理设置________速度是参数设置的重要内容之一。

2. SL 工艺 3D 打印设备打印过程中，若是 Z 轴丝杠及导轨直线度出现问题，应及时对丝杠和导轨进行调校，必要时进行________。

3. SL 工艺 3D 打印设备打印完成后产品较软，易变形的原因主要有打印扫描速度设置较________和激光到达液面功率较________。

二、判断题

1. SL 工艺 3D 打印设备打印过程中，如果工作台零位设置不合理可能造成支撑未能固化在工作台上。（　　）

2. SL 工艺 3D 打印设备打印过程中，如果树脂材料异常，最直接的方法是更换树脂材料。（　　）

3. SL 工艺 3D 打印设备打印过程中，刮刀与液面距离不合理是造成打印第一层实体飘离的重要原因之一。（　　）

4. SL 工艺 3D 打印设备打印过程中，打印产品存在不规律错层的可能原因是设备 Z 轴导轨有异物阻滞或磨损。（　　）

5. 由于成形室的存在，SL 工艺 3D 打印设备打印过程中，环境对打印结果的影响几乎微乎其微。（　　）

6. SL 工艺 3D 打印设备打印过程中应随时关注树脂液面，如果液面过低可能造成打印设备异常停止。（　　）

三、多项选择题

1. SL 工艺 3D 打印设备打印过程中出现支撑未能固化在工作台上的故障现象，可能的原因是（　　）。

A. 工作台零位设置不合理　　B. 支撑扫描速度设置不合理
C. 激光功率异常　　D. 树脂材料异常

2. SL 工艺 3D 打印设备打印过程中出现打印第一层实体飘离的故障现象，可能的原因是（　　）。

A. 数据处理时支撑嵌入深度设置不合理　　B. 填充扫描速度设置过高
C. 液位出现大于 0.1 mm 分层厚度的波动　　D. 刮刀与液面距离不合理

3. SL 工艺 3D 打印设备打印过程中出现无法正常开启打印的故障现象，可能的原因是（　　）。

A. 树脂温度未达到设定值　　B. 液位未调整至设定值

C. 扫描速度设置过高　　D. 刮刀不平

四、简答题

1. SL 工艺 3D 打印设备打印过程中激光器发出蜂鸣声，简述故障处理过程。

2. SL 工艺 3D 打印设备打印完成后产品被刮坏，简述故障处理过程。

* 模块三

SLS 工艺 3D 打印设备操作与维护

任务一　了解 SLS 工艺 3D 打印设备的构成

学习任务

本任务是了解 SLS 工艺 3D 打印设备的基本工作原理，熟悉设备的结构组成和控制系统，并绘制设备的结构简图，初步认识 SLS 工艺 3D 打印技术。

资讯学习

1. 回顾所学知识，查阅资料，说一说 SLS 工艺 3D 打印设备的基本工作原理。

2. 查阅资料并在老师的指导下回答：为什么 SLS 工艺 3D 打印设备在打印前需要对材料进行预加热?

3. SLS 工艺 3D 打印设备主要由光路系统、成形系统、机架结构系统、控制系统组成，在老师的指导下，将各组成系统的主要部件填写在表 3-1-1 中。

▼ 表 3-1-1　SLS 工艺 3D 打印设备各组成系统的主要部件

序号	组成系统	主要部件
1	光路系统	
2	成形系统	
3	机架结构系统	
4	控制系统	

4. 查阅资料并在老师的指导下，说一说 SLS 工艺 3D 打印设备主要部件的名称，并填写在图 3-1-1 中。

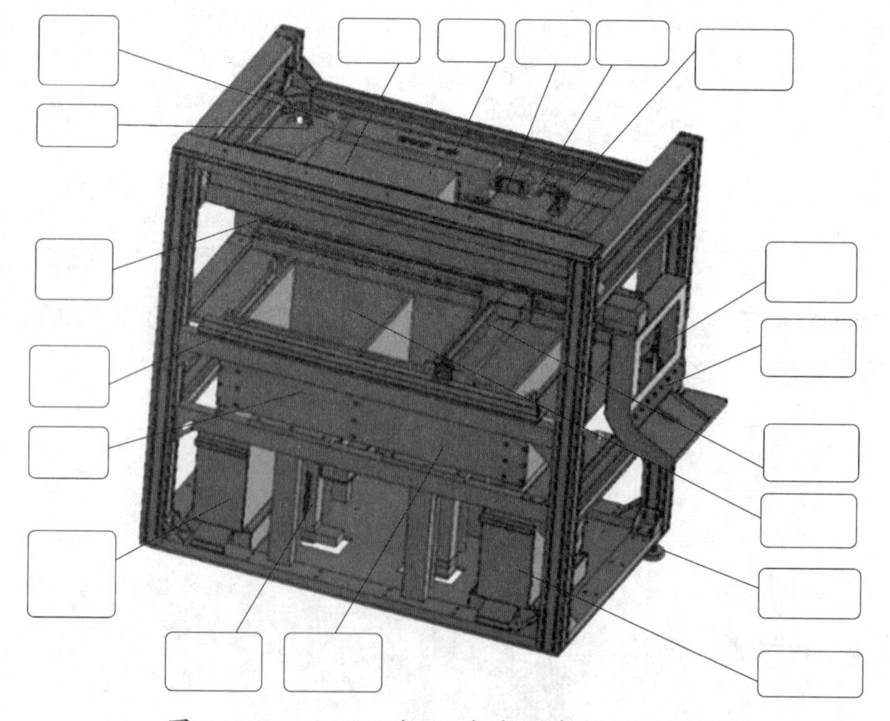

图 3-1-1　SLS 工艺 3D 打印设备的结构组成

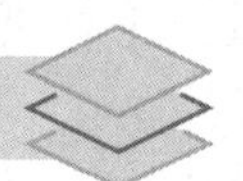

5. 查阅资料并在老师的指导下，说一说 SLS 工艺 3D 打印设备的操作面板上各个按键的功能，并填写在表 3-1-2 中。

▼ 表 3-1-2　SLS 工艺 3D 打印设备操作面板按键的功能

序号	按键名称	功能
1	Emergency	
2	CHAMBER LIGHT	
3	SYSTEM ON	
4	LASER ON	
5	UNLOCK	

任务准备

1. 完成分组与工作计划制订，并记录在表 3-1-3 中。

▼ 表 3-1-3　小组成员与工作计划

<table>
<tr><th>任务名称</th><th>目标要求</th><th>组员姓名</th><th>任务分工</th><th>备注</th></tr>
<tr><td rowspan="6"></td><td rowspan="6">1. 小组成员分工合作
2. 制订工作的方法与步骤
3. 完成任务</td><td></td><td></td><td>组长</td></tr>
<tr><td></td><td></td><td></td></tr>
<tr><td></td><td></td><td></td></tr>
<tr><td></td><td></td><td></td></tr>
<tr><td></td><td></td><td></td></tr>
<tr><td></td><td></td><td></td></tr>
<tr><td>完成任务的方法与步骤</td><td colspan="4"></td></tr>
</table>

2. 根据任务要求，以小组为单位领取设备、工具、材料及防护用品等，组员将领到的物品归纳分类并填写在表 3-1-4 中，组长签名确认。

▼ 表 3-1-4　设备、工具、材料及防护用品清单

序号	类别	准备内容	组长签名
1	设备		
2	工具		
3	材料		
4	防护用品		

任务实施

根据 SLS 工艺 3D 打印设备的结构组成，绘制 SLS 工艺 3D 打印设备的结构简图，并标出各组成部件的名称。

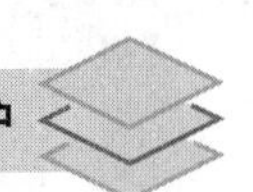

展示与评价

一、成果展示

1. 以小组为单位派代表介绍本组的学习成果，听取并记录其他小组对本组学习成果的评价和建议。

2. 根据其他小组对本组展示成果的评价意见进行归纳总结，完成表 3-1-5 的填写。

▼ 表 3-1-5　组间评价表

姓名		组长签名	
项目		记录	
本小组的信息检索能力如何?		良好□　一般□　不足□	
本小组介绍成果时，表达是否清晰合理?		很好□　需要补充□　不清晰□	
本小组成员的团队合作精神如何?		良好□　一般□　不足□	
本小组成员的创新精神如何?		良好□　一般□　不足□	
掌握的技能: 出现的问题: 解决的方法:			

二、任务评价

先按表 3-1-6 所列项目进行自评，再由组长对组员进行评价，将结果填入表中。

▼ 表 3-1-6　任务评价表

班级		姓名		学号		日期	年　月　日
序号	**评价要点**				**配分**	**自评**	**组长评**
1	能说出车间场地管理要求				10		
2	能说出车间常用设备安全操作规程				10		
3	防护用品穿戴整齐，符合着装要求				10		
4	了解常见 SLS 工艺 3D 打印设备的工作原理				40		
5	安全意识、责任意识强				6		
6	积极参加学习活动，按时完成各项任务				6		
7	团队合作意识强，善于与人交流和沟通				6		
8	自觉遵守劳动纪律，不迟到、不早退、中途不离开实训现场				6		
9	严格遵守“6S”管理要求				6		
总计					100		
小结建议							

复习巩固

一、填空题

1. SLS 即______________。

2. SLS 工艺 3D 打印设备采用__________作为能量源，采用固体粉末作为打印材料。

3. SLS 工艺 3D 打印设备主要由光路系统、__________、机架结构系统、控制系统组成。

二、判断题

1. SLS 工艺 3D 打印设备的激光水冷机的作用是降低激光的热量。 (　　)

2. SLS 工艺 3D 打印设备与 SL 工艺 3D 打印设备的成形原理和打印材料类似，只是 SLS 工艺 3D 打印设备的功率更大一些。 (　　)

3. 3D 打印设备的成形尺寸越大、精度越高，价格越贵。 (　　)

4. SLS 工艺 3D 打印设备一般使用直流电源供电。 (　　)

三、多项选择题

1. SLS 工艺 3D 打印设备的光路系统一般包括（　　）、扩束镜、反光镜等。

A. 激光水冷机　　B. 振镜　　C. 激光器　　D. 红光指示器

2. SLS 工艺 3D 打印设备的成形系统一般包括（　　）、成形缸、涂铺系统、预热箱、排烟管等。

A. 1 号收料箱　　B. 2 号收料箱　　C. 供粉缸　　D. 电动缸

3. SLS 工艺 3D 打印设备的机架结构系统一般包括（　　）等。

A. 机身支架　　B. 地脚

C. 机架水平 1 号面　　D. 筛粉装置

四、简答题

1. SLS 工艺 3D 打印设备对安装及使用环境有哪些要求?

2. SLS 工艺 3D 打印设备主要由哪些结构系统组成?

任务二　安装与调试 SLS 工艺 3D 打印设备的光路系统

学习任务

光路系统是 SLS 工艺 3D 打印设备的重要组成部分。本任务是学习分辨激光器的种类，正确选择 SLS 工艺 3D 打印设备的激光器，完成 SLS 工艺 3D 打印设备光路系统的安装与调试。

资讯学习

1. 查阅资料并在老师的指导下，了解常用激光器的种类与基本原理，并填写在表 3-2-1 中。

▼ 表 3-2-1　激光器的种类与基本原理

序号	种类	基本原理
1	固体激光器	
2	气体激光器	
3	液体激光器	
4	半导体激光器	
5	自由电子激光器	

2. CO_2 激光器属于上述哪种类型的激光器？SLS 工艺 3D 打印设备使用的 CO_2 激光器有什么特点？

3. 为什么 SLS 工艺 3D 打印过程中要佩戴防护眼镜？

任务准备

1. 完成分组与工作计划制订，并记录在表 3-2-2 中。

▼ 表 3-2-2　小组成员与工作计划

<table>
<tr><th>任务名称</th><th>目标要求</th><th>组员姓名</th><th>任务分工</th><th>备注</th></tr>
<tr><td rowspan="6"></td><td rowspan="6">1. 小组成员分工合作
2. 制订工作的方法与步骤
3. 完成任务</td><td></td><td></td><td>组长</td></tr>
<tr><td></td><td></td><td></td></tr>
<tr><td></td><td></td><td></td></tr>
<tr><td></td><td></td><td></td></tr>
<tr><td></td><td></td><td></td></tr>
<tr><td></td><td></td><td></td></tr>
<tr><td>完成任务的方法与步骤</td><td colspan="4"></td></tr>
</table>

2. 根据任务要求，以小组为单位领取设备、工具、材料及防护用品等，组员将领到的物品归纳分类并填写在表 3-2-3 中，组长签名确认。

▼ 表 3-2-3　设备、工具、材料及防护用品清单

序号	类别	准备内容	组长签名
1	设备		
2	工具		
3	材料		
4	防护用品		

任务实施

一、光路系统安装

对照教材并在老师的指导下，根据操作实践，记录光路系统安装的操作内容和注意事项，并填写在表 3-2-4 中。

▼ 表 3-2-4　光路系统安装

序号	步骤	操作内容和注意事项
1	调整水平	光路系统对整机水平度要求很高，因此，在安装光路系统前，需要对设备整机进行调平。在调平过程中，使用________进行水平度调整，通过调整地脚螺栓，控制机架水平度误差在____内。水平度调整完成后，固定螺母防止松动
2	安装光路系统元器件	光路系统中的激光器、振镜等均属于________，在安装时一定要______，禁止触碰________
3	连接冷却系统	光路系统中的激光器为高能元器件，工作过程中需要对其进行____，因此，必须配置冷却系统实施冷却降温。冷却系统中激光水冷机分别与激光器、振镜连接，连接时注意________，激光水冷机出水口连接____、进水口连接____，管接头连接部分应做好防漏水处理

续表

序号	步骤	操作内容和注意事项
4	连接电源信号线	光路系统电源信号线包括激光器电源线、振镜电源线、激光器开关控制信号线和振镜控制信号线，严格按电器图纸要求连接，接完认真校对检查。注意：走线时_______分开，以避免______________

二、光路系统调试

光路系统硬件安装完成后，需要对其进行调试。对照教材并在老师的指导下，根据操作实践，记录光路系统调试的操作内容和注意事项，并填写在表 3-2-5 中。

▼ 表 3-2-5　光路系统调试

序号	步骤	操作内容和注意事项
1	调试激光器	激光器需要调平，保证激光器出口与扩束镜、反射镜及振镜中心在_______________，使其光斑处在镜片的_______，以减小激光能量的损耗
2	调试振镜	调整振镜位置，使其在自然状态下的______________与工作台的中心位置_______，保证振镜水平
3	调试动态聚焦镜	打开振镜，调整激光器上动态聚焦镜的位置，寻找_______光斑，使其投射到工作台零位上，完成光路系统调试

展示与评价

一、成果展示

1. 以小组为单位派代表介绍本组的学习成果，听取并记录其他小组对本组学习成果的评价和建议。

2. 根据其他小组对本组展示成果的评价意见进行归纳总结，完成表 3-2-6 的填写。

▼ 表 3-2-6　组间评价表

姓名		组长签名	
项目		记录	
本小组的信息检索能力如何？		良好□　一般□　不足□	
本小组介绍成果时，表达是否清晰合理？		很好□　需要补充□　不清晰□	
本小组成员的团队合作精神如何？		良好□　一般□　不足□	
本小组成员的创新精神如何？		良好□　一般□　不足□	

掌握的技能：

出现的问题：

解决的方法：

二、任务评价

先按表 3-2-7 所列项目进行自评，再由组长对组员进行评价，将结果填入表中。

▼ 表 3-2-7　任务评价表

班级		姓名		学号		日期	年　月　日
序号	评价要点				配分	自评	组长评
1	能说出车间场地管理要求				10		
2	能说出车间常用设备安全操作规程				10		
3	防护用品穿戴整齐，符合着装要求				10		
4	SLS 工艺 3D 打印设备光路系统的安装与调试过程规范、正确				40		
5	安全意识、责任意识强				6		
6	积极参加学习活动，按时完成各项任务				6		
7	团队合作意识强，善于与人交流和沟通				6		
8	自觉遵守劳动纪律，不迟到、不早退、中途不离开实训现场				6		

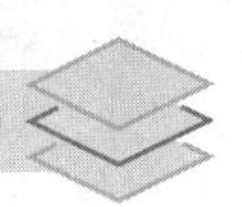

续表

序号	评价要点	配分	自评	组长评
9	严格遵守“6S”管理要求	6		
总计		100		
小结 建议				

复习巩固

一、填空题

1. ________是光路系统的核心部件。

2. 激光器按工作介质状态的不同可分为______________、______________、液体激光器、____________、______________五类。

3. 固体激光器采用____________作为工作介质，通过将能够产生受激发射作用的金属离子掺入晶体或玻璃基质中，构成发光中心。

4. 气体激光器采用_____________作为工作介质，根据气体中真正产生受激发射作用的工作粒子性质的不同，又分为____________激光器、__________激光器、分子气体激光器、____________激光器等。

5. 液体激光器采用的工作介质主要包括两类，一类是______________荧光染料溶液，另一类是含有____________金属离子的无机化合物溶液。

6. SLS 工艺 3D 打印过程中必须佩戴______________或通过防护玻璃观察成形状态。

二、判断题

1. 激光越强，SLS 工艺 3D 打印效果越好。（　　）

2. 激光对人体有害，特别是容易伤害人的眼镜。（　　）

3. 激光器电源线必须保护接地。（　　）

4. 由于 SLS 工艺 3D 打印设备精度较高，因此应将设备放置在一个密闭的场所。（　　）

三、多项选择题

1. SLS 工艺 3D 打印设备所采用的 CO_2 激光器的特点包括（　　）。

A. 输出波长为 10.6 μm　　B. 功率可从几瓦到几万瓦

C. 光束质量极高　　D. 常用来加工非金属材料

2. SLS 工艺 3D 打印设备光路系统调试一般包括（　　）。

A. 调试激光器　　B. 调试振镜　　C. 调试动态聚焦镜

四、简答题

1. 简述半导体激光器的基本原理。

2. 简述激光器的安全操作注意事项。

任务三　掌握 SLS 工艺 3D 打印设备的操作方法

学习任务

本任务是通过操作 SLS 工艺 3D 打印设备打印产品，掌握 SLS 工艺 3D 打印设备的正确操作方法与注意事项。

资讯学习

1. 查阅资料并在老师的指导下回答：SLS 工艺 3D 打印设备所使用的打印材料有哪些？

2. 查阅资料并在老师的指导下回答：SLS 工艺 3D 打印设备打印材料受潮对打印结果有什么影响？如何对打印材料进行除湿操作？

3. 在老师的指导下回答：SLS 工艺 3D 打印设备的操作过程中有什么危险？

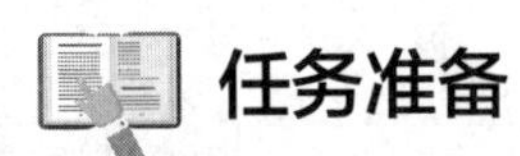

任务准备

1. 完成分组与工作计划制订，并记录在表 3-3-1 中。

▼ 表 3-3-1　小组成员与工作计划

<table>
<tr><th>任务名称</th><th>目标要求</th><th>组员姓名</th><th>任务分工</th><th>备注</th></tr>
<tr><td rowspan="6"></td><td rowspan="6">1. 小组成员分工合作
2. 制订工作的方法与步骤
3. 完成任务</td><td></td><td></td><td>组长</td></tr>
<tr><td></td><td></td><td></td></tr>
<tr><td></td><td></td><td></td></tr>
<tr><td></td><td></td><td></td></tr>
<tr><td></td><td></td><td></td></tr>
<tr><td></td><td></td><td></td></tr>
<tr><td>完成任务的方法与步骤</td><td colspan="4"></td></tr>
</table>

2. 根据任务要求，以小组为单位领取设备、工具、材料及防护用品等，组员将领到的物品归纳分类并填写在表 3-3-2 中，组长签名确认。

▼ 表 3-3-2　设备、工具、材料及防护用品清单

序号	类别	准备内容	组长签名
1	设备		
2	工具		
3	材料		
4	防护用品		

任务实施

一、学习 SLS 工艺 3D 打印设备的操作流程

在老师的指导下，绘制 SLS 工艺 3D 打印设备的操作流程图。

二、学习 SLS 工艺 3D 打印设备的操作方法

1. 设备开机

对照教材并在老师的指导下，将设备开机的操作内容和注意事项填写在表 3-3-3 中。

▼ 表 3-3-3　设备开机

序号	步骤	操作内容和注意事项
1	开机前检查	（1）设备工业控制计算机硬盘可用空间不小于_______ （2）氮气纯度_______99.9% 且够用 （3）激光水冷机的水位处于_______内 （4）设备所处环境温度保持在_______之间，湿度在_______以下
2	通电开机	（1）将设备背后右侧的______________转到“On”状态，确保设备通电，工业控制计算机主机及显示器同步开启 （2）打开激光水冷机的______________，确保激光水冷机处于______________。若未开启激光水冷机，打开 MakeStar P 软件时，系统会发出报警提示“激光冷却水流量过低”，导致设备无法正常工作 （3）检查______________，即观察激光器水流量表读数是否在______LPM 范围内。如果激光器水流量表读数过低，则说明激光水冷机水位过低或滤芯需要更换 （4）检查______________，若水位过低，则打开激光水冷机加水口，加入蒸馏水后关闭加水口；若水位正常，则说明滤芯需要更换，关闭激光水冷机电源开关，更换滤芯后重新打开激光水冷机

2. 数据处理

对照教材并在老师的指导下，将数据处理的操作步骤填写在图 3-3-1 中。

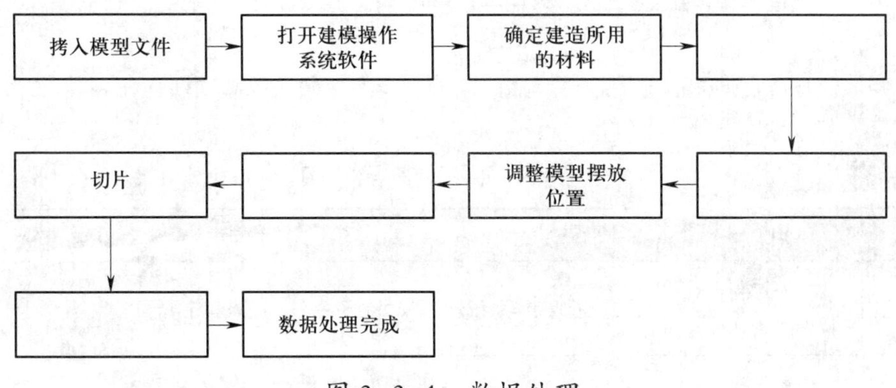

图 3-3-1　数据处理

3. 材料准备

（1）粉末用量计算。根据模型切片结果所示总的材料需求量，计算建造所需的粉末用量。

所需粉末用量（kg）= 总高 × ________

其中：总高 = 预热高度（12.7 mm）+ 建造高度（BuildStar 放置工件后的高度）+ 冷却高度（2.54 mm）。

（2）粉末搅拌。对照教材并在老师的指导下，将粉末搅拌的操作内容和注意事项填写在表 3-3-4 中。

▼ 表 3-3-4　粉末搅拌

序号	步骤	操作内容和注意事项
1	按比例配粉	
2	将混合粉装入混料机	
3	设置搅拌时间	
4	开始搅拌	
5	出料	

（3）粉末过筛。粉末过筛所需设备为清粉台。将搅拌好的粉末放入清粉台内过筛，以防粉末中有异物影响建造。筛粉完毕后，打开前门，及时取出粉末，装入储存袋或储存桶内。注意：粉末未经过清粉台________，禁止上机建造。

4. 产品打印

对照教材并在老师的指导下，将产品打印的操作内容和注意事项填写在表 3-3-5 中。

▼ 表 3-3-5　产品打印

序号	步骤	操作内容和注意事项
1	打开控制操作系统软件	打开控制操作系统软件 MakeStar P，进入其主界面
2	进入手动模式界面	单击“机器”菜单栏中的“手动”按钮，进入手动模式界面

续表

序号	步骤	操作内容和注意事项
3	移出缸体	（1）按下操作面板上的急停按钮________________，连接缸体与设备上的快速插头，将急停按钮旋转复位，使系统通电 （2）单击________________界面的“________”按钮，进入运动控制界面 （3）按下________________上的“________________”按钮，运动控制界面操作选项变为点亮可用状态 （4）分别选择________和________两个缸体下方的“____________”选项，在“设置值”框中输入“________”，单击运动箭头使活塞______；或单击“________________”按钮，使活塞直接降至________________ （5）单击“__________”按钮进入__________________界面，分别单击“________”按钮，将供粉缸和成形缸降到________________ （6）缸体下降完成后，单击“____________”按钮，退出______________________；将缸体缓慢移出设备，以便进行建造前清理工作
4	建造前清理	（1）清洁红外探头。用脱脂棉签蘸________，将两处红外探头擦拭干净，擦拭时应轻轻转圈接触镜头，严禁用力过度，待无水乙醇自然挥发后，检查确认探头表面已清洁 （2）清洁激光窗口镜。每次建造前，应将激光窗口镜抽屉从激光通道上取出，对激光窗口镜进行清洁 1）操作时应佩戴________________ 2）尽量使用________吹掉镜片表面污物 3）禁止使用工厂的________________吹扫镜片表面污物 4）吹不掉的污物，则用______________________蘸______________，轻擦镜片表面，擦拭留下的液体应立即蒸发，不留下条纹 5）将激光窗口镜抽屉装回激光通道上时，应调节左右扣件，确保抽屉内密封圈有大于________的压缩量 （3）清洁铺粉滚筒。检查铺粉滚筒清洁度，如滚筒上沾有异物或滚动异常时，需拆卸滚筒，用________________清洁两端轴承 （4）清洁观察窗。如观察窗模糊不清，应及时取下，用无水乙醇擦拭后，立即用抹布或脱脂棉擦干，直至表面清洁干净
5	装粉	（1）根据模型切片结果，供粉缸活塞位置为________________ （2）将供粉缸活塞下降至适当高度并加入配好的粉末，直至粉末表面与供粉缸缸壁上端平齐，用 ϕ30 mm 以上的________或其他工具将缸内的粉末______________________。注意：操作时应佩戴________________，以免粉末对人体造成伤害 （3）将缸体推进设备并确保到位。再次进入 MakeStar P 软件的________________界面，单击“________”按钮，进入________________，然后单击两个缸体的“________”按钮，将缸体提升到________________，装粉过程完成

续表

序号	步骤	操作内容和注意事项
6	手动铺粉	（1）确保回粉槽活塞处于原点位置。若未在原点位置，在 MakeStar P 软件中，单击“________”按钮进入________界面，然后单击回粉槽的“________”按钮，使回粉槽活塞回到________ （2）将滚筒移动至左极限。选择滚筒的“________”选项，单击“________”按钮，使滚筒________；单击“________”按钮，可以使滚筒________ （3）观察供粉缸缸内粉末表面，使用“________”或“________”方式提升________，使其与________平齐。单击成形缸“上极限”按钮，将成形缸活塞提升到上极限位置。此时已基本完成活塞提升工作，只需对粉末位置进行微调 （4）选择供粉缸的“________”选项，将供粉缸活塞提升 0.5 ~ 1 mm。而后将滚筒从______移动到________，再移动回________。重复该动作，直至工作平面全部被粉末铺平
7	自动铺粉	（1）单击 MakeStar P 软件________界面的“________”按钮，进入________ （2）设置铺粉“层厚”为________，“供粉缸活塞”不超过________，根据需要设置铺粉“________” （3）单击“________”按钮进行________，直至工作平面全部被粉末铺平
8	运行自动建造	（1）在 MakeStar P 软件的手动模式界面，单击“________”按钮进入________，单击“________”菜单栏中的“________”按钮，进入________ （2）在自动建造界面的“________”模块，单击________，在弹出的“打开”对话框中，找到之前保存的________文件，并单击“________”按钮，导入________ （3）单击“________”按钮，弹出系统使能提示，按下操作面板上的“________”按钮，系统使能后________。建造分三个阶段：________、________和________ （4）建造完成后，弹出“________”界面

5. 清粉取件

对照教材并在老师的指导下，将清粉取件的操作内容和注意事项填写在表 3-3-6 中。

▼ 表 3-3-6　清粉取件

序号	步骤	操作内容和注意事项
1	清粉前准备	（1）查看________，了解粉包中________，以免在取出工件的过程中损坏工件 （2）确保成形缸内温度降到________以下，以防将粉包从成形缸中取出后，零件遇冷收缩造成永久性变形

续表

序号	步骤	操作内容和注意事项
2	移出粉包	（1）建造完成后，在 MakeStar P 软件中，关闭“______________”界面，单击“_______”按钮，进入_______ （2）单击“_______”菜单栏中的“_______”按钮，进入_________界面；再单击手动模式界面的“_______”按钮，进入_________界面 （3）按下操作面板上的“_______”按钮，使系统使能 （4）选择成形缸的“相对运动”选项，在“设置值”框中输入“20”，单击向下箭头，将成形缸活塞下降 20 mm，以防降下并移动缸体时，____________________________ （5）单击手动模式界面的“_______”按钮，进入提升界面；单击成形缸“_______”按钮，将成形缸移动到下极限位置 （6）将成形缸移出设备，放置定位座于成形缸上部，将_______放置于定位座上 （7）单击手动模式界面的“运动”按钮，进入______________界面；按下操作面板上的“SYSTEM ON”按钮，确保系统使能指示灯点亮；单击成形缸“_______”按钮，将成形缸活塞移至顶部，使成形缸内的粉包进入储粉罩内；活塞上升完成后，将清粉铲沿储粉罩底面插进粉包，确保完全插入 （8）移动叉车至成形缸处，调整叉臂位置，将叉臂叉入清粉铲两侧的托臂下；脚踩叉车踏板提升叉臂，使____________________，缓慢后退移出叉车 （9）缓慢移动叉车，将清粉铲、储粉罩及罩内粉包一同转移到清粉台处，降低叉臂缓慢将清粉铲放置于清粉台上；完成后，将叉车移至存放位置，转运工作结束；取出______________，进行清粉操作
3	清粉	（1）剥离粉末前需确保粉包中心温度低于_______，以防高温烫伤和产品急速遇冷产生变形 （2）确认粉包中心温度低于 60 ℃后，使用工具（如小铲刀、毛刷）对粉包中工件周围未成形的粉末进行初步剥离

6. 表面处理

SLS 工艺 3D 打印产品常见的表面处理工艺是喷砂。查阅资料并在老师的指导下，说一说喷砂的注意事项有哪些。

7. 材料回收

对照教材并在老师的指导下，将材料回收的操作内容和注意事项填写在表 3-3-7 中。

▼ 表 3-3-7　材料回收

序号	步骤	操作内容和注意事项
1	粉末收集	（1）粉末清理完成后，针对不同类型的粉末进行________________ （2）将余粉和溢粉分别放入清粉台中过筛，过筛后的粉末存储于粉末回收放置桶，并做好________________
2	防潮处理	粉末回收放置桶内建议放置________，并保持粉末存储空间的湿度小于________

8. 现场清理

对照教材并在老师的指导下回答：SLS 工艺 3D 打印现场清理的注意事项有哪些？

 展示与评价

一、成果展示

1. 以小组为单位派代表介绍本组的学习成果，听取并记录其他小组对本组学习成果的评价和建议。

2. 根据其他小组对本组展示成果的评价意见进行归纳总结，完成表 3-3-8 的填写。

▼ 表 3-3-8 组间评价表

姓名		组长签名	
项目		记录	
本小组的信息检索能力如何?		良好□ 一般□ 不足□	
本小组介绍成果时，表达是否清晰合理?		很好□ 需要补充□ 不清晰□	
本小组成员的团队合作精神如何?		良好□ 一般□ 不足□	
本小组成员的创新精神如何?		良好□ 一般□ 不足□	
掌握的技能:			
出现的问题:			
解决的方法:			

二、任务评价

先按表 3-3-9 所列项目进行自评，再由组长对组员进行评价，将结果填入表中。

▼ 表 3-3-9 任务评价表

班级		姓名		学号		日期	年 月 日
序号	评价要点				配分	自评	组长评
1	能说出车间场地管理要求				10		
2	能说出车间常用设备安全操作规程				10		
3	防护用品穿戴整齐，符合着装要求				10		
4	掌握 SLS 工艺 3D 打印设备的操作方法				40		
5	安全意识、责任意识强				6		
6	积极参加学习活动，按时完成各项任务				6		
7	团队合作意识强，善于与人交流和沟通				6		

续表

序号	评价要点	配分	自评	组长评
8	自觉遵守劳动纪律，不迟到、不早退、中途不离开实训现场	6		
9	严格遵守“6S”管理要求	6		
总计		100		
小结建议				

复习巩固

一、填空题

1. SLS 工艺 3D 打印设备在使用时严禁在________状态下对设备进行强制关机。

2. 由于 SLS 工艺 3D 打印设备所使用的________激光器发出的激光为不可见光，且功率较大，在设备开启后切勿将手伸入激光器中。

3. SLS 工艺 3D 打印设备的工业控制计算机硬盘可用空间应不小于________。

4. SLS 工艺 3D 打印设备在开机前要检查氮气纯度，氮气纯度一般要求________才能使用。

5. SLS 工艺 3D 打印设备要求环境温度保持在______℃之间，湿度在__________以下。

6. SLS 工艺 3D 打印设备开机时应打开激光水冷机的电源开关，确保激光水冷机处于________状态。

7. SLS 工艺 3D 打印设备在模型切片结束后，软件界面将显示切片结果，包括总的____________、活塞位置、____________、建造时间和冷却时间。

8. SLS 工艺 3D 打印设备所使用的粉末为混合粉，打印前需要配粉。当余粉、溢粉的粉量不足时，可以采用________代替。

9. SLS 工艺 3D 打印产品常见的后处理有________、打磨、涂树脂、喷漆等。

10. SLS 工艺 3D 打印设备的建造过程分三个阶段：____________、____________和____________。

11. SLS 工艺 3D 打印设备打印过程中，在清粉取件前应确保成形缸内温度降到______以下，以防将粉包从成形缸中取出后，零件遇冷收缩造成永久性变形。

12. SLS 工艺 3D 打印设备打印过程中，每次建造前，需清理红外探头。用脱脂棉签蘸____________，将两处红外探头擦拭干净。

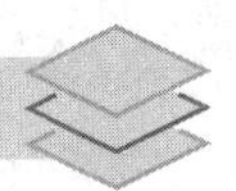

二、判断题

1. 在 SLS 工艺 3D 打印中，粉末未经过清粉台过筛，只要保证粉末均匀就可以上机建造。（　　）

2. SLS 工艺 3D 打印设备所使用的激光水冷机应加入纯净的矿泉水。（　　）

3. SLS 工艺 3D 打印设备打印前，应先将 STL 格式的模型文件拷贝到工业控制计算机中。（　　）

4. SLS 工艺 3D 打印设备工作时，不得触碰光路或烧结空间。（　　）

5. SLS 工艺 3D 打印设备工作时，禁止触摸振镜和反光镜片。（　　）

三、单项选择题

下列 SLS 工艺 3D 打印设备的操作方法中，（　　）是错误的。

A. 严格按照操作指南及提示进行操作

B. 严禁在开机状态下对设备进行强制关机

C. 由于 CO_2 激光器发出的激光为不可见光，且功率较大，在设备开启后切勿将手伸入激光器中

D. 一般可以不戴手套触摸振镜和反光镜片

四、简答题

SLS 工艺 3D 打印所需的粉末用量如何计算？

任务四　掌握 SLS 工艺 3D 打印设备的维护方法

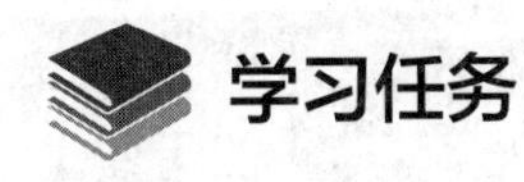

学习任务

本任务是学习 SLS 工艺 3D 打印设备的检测和维护方法，定期检测并矫正各运动部件和振镜的运动精度，对设备进行日常维护，以提高 SLS 工艺 3D 打印设备的工作稳定性和可靠性，降低工作故障率。

资讯学习

1. 讨论并在老师的指导下回答：SLS 工艺 3D 打印设备 *Z* 轴、*B* 轴和 *F* 轴的功能是什么？

2. 讨论并在老师的指导下回答：SLS 工艺 3D 打印设备使用过程中，为什么要经常对振镜运动精度进行检测或矫正？

3. 讨论并在老师的指导下回答：SLS 工艺 3D 打印设备使用过程中，在哪些情况下需要对振镜运动精度进行矫正？

4. 讨论并在老师的指导下回答：允差为 ±0.2 mm 和 ±0.4 mm 的工件一般用什么量具测量？

任务准备

1. 完成分组与工作计划制订，并记录在表 3-4-1 中。

▼ 表 3-4-1　小组成员与工作计划

任务名称	目标要求	组员姓名	任务分工	备注
	1. 小组成员分工合作 2. 制订工作的方法与步骤 3. 完成任务			组长
完成任务的方法与步骤				

2. 根据任务要求，以小组为单位领取设备、工具、材料及防护用品等，组员将领到的物品归纳分类并填写在表 3-4-2 中，组长签名确认。

▼ 表 3-4-2　设备、工具、材料及防护用品清单

序号	类别	准备内容	组长签名
1	设备		
2	工具		
3	材料		
4	防护用品		

任务实施

一、精度检验

1. 根据教材中图 3-4-2，创建标准测试件的三维模型，并使用 SLS 工艺 3D 打印设备在工作台中心位置和四个角中任意一个角的位置分别打印一个标准测试件。

2. 利用固化箱对打印完成的试件进行后固化处理。

3. 对后固化完成的试件按照教材中图 3-4-2 所示位置进行测量，测量结果填写在表 3-4-3 中。工作台中心位置工件的测量结果记为测量值 1，一角位置工件的测量结果记为测量值 2。

▼ 表 3-4-3　试件精度测试表　（单位：mm）

测量位置 *X* 方向	理论值	测量值 1	测量值 2	测量位置 *Y* 方向	理论值	测量值 1	测量值 2	测量位置 *Z* 方向	理论值	测量值 1	测量值 2
*X*1	150			*Y*1	150			*Z*1	7		
*X*2	132			*Y*2	132			*Z*2	2		
*X*3	5			*Y*3	5			*D*1	23		
*X*4	5			*Y*4	5			*D*2	14		
*X*5	83			*Y*5	83			*D*3	23		
*X*6	23			*Y*6	23			*D*4	14		
*X*7	4			*Y*7	4			*D*5	23		
*X*8	4			*Y*8	4			*A*1	15		
*X*9	19			*Y*9	19			*A*2	5		
*X*10	19			*Y*10	19			*A*3	15		
*X*11	14			*Y*11	14			*A*4	5		
*X*12	23			*Y*12	23			*A*5	15		
*X*13	31.4			*Y*13	31.4			*A*6	5		
								*A*7	15		
								*A*8	5		

4. 根据测量结果，判断设备精度是否合格：__________（合格 / 不合格）。

二、日常维护

SLS 工艺 3D 打印设备属于精度较高、价格昂贵的设备，日常能做的维护工作有限，如保证反光镜洁净、激光水冷机工作正常，清理余料并保持通风干净的操作环境。在老师的指导下，将设备日常维护的操作内容和注意事项填写在表 3-4-4 中。

▼ 表 3-4-4　日常维护

序号	步骤	操作内容和注意事项
1	擦拭反光镜	（1）应使用擦镜纸蘸________沿同一方向擦拭反光镜 （2）擦拭过程中不能使反光镜片和反光镜座移动
2	更换激光水冷机冷却水	必须使用________，并且________更换一次
3	清理余料	每次打印完成后，应将设备里所有粉末余料进行________________，清除杂质。不打印时，粉末余料应放入__________________中，防止材料________结块
4	通风、降低湿度	打印过程中，粉末材料会引起烟尘，应将排烟管接到室外，并保持室内通风。室内环境应避免潮湿，温度控制在____________之间，湿度控制在____________以下

三、简单故障排除

控制操作系统软件无响应、扫描区域未固化是 SLS 工艺 3D 打印设备打印过程中最简单的故障。对照教材并在老师的指导下，将上述两种故障的排除方法填写在表 3-4-5 中。

▼ 表 3-4-5　简单故障排除

序号	故障现象	排除方法
1	控制操作系统软件无响应	
2	扫描区域未固化	

展示与评价

一、成果展示

1. 以小组为单位派代表介绍本组的学习成果，听取并记录其他小组对本组学习成果的评价和建议。

2. 根据其他小组对本组展示成果的评价意见进行归纳总结，完成表 3-4-6 的填写。

▼ 表 3-4-6 组间评价表

姓名		组长签名	
项目		记录	
本小组的信息检索能力如何？		良好□ 一般□ 不足□	
本小组介绍成果时，表达是否清晰合理？		很好□ 需要补充□ 不清晰□	
本小组成员的团队合作精神如何？		良好□ 一般□ 不足□	
本小组成员的创新精神如何？		良好□ 一般□ 不足□	

掌握的技能：

出现的问题：

解决的方法：

二、任务评价

先按表 3-4-7 所列项目进行自评，再由组长对组员进行评价，将结果填入表中。

▼ 表 3-4-7　任务评价表

班级		姓名		学号		日期	年　月　日
序号	**评价要点**				**配分**	**自评**	**组长评**
1	能说出车间场地管理要求				10		
2	能说出车间常用设备安全操作规程				10		
3	防护用品穿戴整齐，符合着装要求				10		
4	掌握 SLS 工艺 3D 打印设备的精度检测和维护方法				40		
5	安全意识、责任意识强				6		
6	积极参加学习活动，按时完成各项任务				6		
7	团队合作意识强，善于与人交流和沟通				6		
8	自觉遵守劳动纪律，不迟到、不早退、中途不离开实训现场				6		
9	严格遵守“6S”管理要求				6		
总计					100		
小结建议							

复习巩固

一、填空题

1. SLS 工艺 3D 打印设备各运动部件的精度主要包括_________、_________和 F 轴的定位精度和重复精度。

2. SLS 工艺 3D 打印设备的振镜扫描精度分为________和 Y 方向扫描精度。

3. SLS 工艺 3D 打印设备的振镜运动精度矫正完成后，将___________并复制到 SLSBuild 软件根目录下。

4. SLS 工艺 3D 打印设备打印的测试件后固化处理的升温速率一般控制在________℃/h，根据测试件大小确定后固化时间。

5. 对 SLS 工艺 3D 打印设备的激光器和振镜进行冷却保护的激光水冷机必须使用______________，并且每月更换一次。

6. 打印过程中，粉末材料会引起烟尘，应将排烟管接到室外，并保持室内通风。室内环境应避免潮湿，温度控制在__________℃之间，湿度控制在________以下。

二、判断题

1. 由于 SLS 工艺 3D 打印设备的激光强度很高，即使反光镜面上因空气环境杂质而附着污染，也不会引起激光功率降低导致产品固化效果差的情况。（　　）

2. 不打印时，SLS 工艺 3D 打印设备使用的粉末余料应放入密封容器中，防止材料吸潮结块。（　　）

三、单项选择题

1. SLS 工艺 3D 打印设备的维护过程中，反光镜擦拭时，应使用擦镜纸蘸（　　），沿同一方向擦拭反光镜。

A. 无水乙醇　　B. 纯净水　　C. 蒸馏水　　D. 矿泉水

2. SLS 工艺 3D 打印设备的维护过程中，更换激光水冷机冷却水必须使用（　　），并且每月更换一次。

A. 无水乙醇　　B. 纯净水　　C. 蒸馏水　　D. 矿泉水

3. SLS 工艺 3D 打印设备打印完成后，应将设备里所有粉末余料进行过筛处理，清除杂质。不打印时，粉末余料应放入密封容器中，防止材料（　　）。

A. 吸潮结块　　B. 挥发　　C. 混入杂质　　D. 遗失

四、简答题

1. SLS 工艺 3D 打印设备一般在什么情况下需要进行精度矫正？

2. 简述 SLS 工艺 3D 打印设备使用过程中，控制操作系统软件无响应故障的排除方法。

3. 简述 SLS 工艺 3D 打印设备打印产品时，扫描区域未固化故障的排除方法。

4. 能否使用普通纸巾擦拭 SLS 工艺 3D 打印设备的反光镜？为什么？

5. SLS 工艺 3D 打印设备打印完成后，为了方便下次打印，剩余的粉末材料可不进行清理，这种做法是否可取？为什么？

* 模块四

SLM 工艺 3D 打印设备操作与维护

任务一　了解 SLM 工艺 3D 打印设备的构成

学习任务

SLM 工艺与 SLS 工艺 3D 打印设备在功能和结构上很相似，本任务是学习 SLM 工艺 3D 打印设备的基本工作原理，熟悉设备的传动结构和控制系统，绘制设备的结构简图，更深入地了解这两种设备的应用场景。

资讯学习

1. 说一说 SLM 工艺 3D 打印设备的基本工作原理。

2. 粉末刮平传动系统的主要作用是什么？

3. 工作台升降传动系统的主要作用是什么？

4. 粉末供应传动系统的主要作用是什么？

5. SLM 工艺 3D 打印设备的控制系统主要包括哪些？

任务准备

1. 完成分组与工作计划制订，并记录在表 4-1-1 中。

▼ 表 4-1-1　小组成员与工作计划

<table>
<tr><th>任务名称</th><th>目标要求</th><th>组员姓名</th><th>任务分工</th><th>备注</th></tr>
<tr><td rowspan="6"></td><td rowspan="6">1. 小组成员分工合作
2. 制订工作的方法与步骤
3. 完成任务</td><td></td><td></td><td>组长</td></tr>
<tr><td></td><td></td><td></td></tr>
<tr><td></td><td></td><td></td></tr>
<tr><td></td><td></td><td></td></tr>
<tr><td></td><td></td><td></td></tr>
<tr><td></td><td></td><td></td></tr>
<tr><td>完成任务的方法与步骤</td><td colspan="4"></td></tr>
</table>

2. 根据任务要求，以小组为单位领取设备、工具、材料及防护用品等，组员将领到的物品归纳分类并填写在表 4-1-2 中，组长签名确认。

▼ 表 4-1-2　设备、工具、材料及防护用品清单

序号	类别	准备内容	组长签名
1	设备		
2	工具		
3	材料		
4	防护用品		

任务实施

分析 SLM 工艺 3D 打印设备的传动结构，并绘制 SLM 工艺 3D 打印设备的结构简图。

展示与评价

一、成果展示

1. 以小组为单位派代表介绍本组的学习成果，听取并记录其他小组对本组学习成果的评价和建议。

2. 根据其他小组对本组展示成果的评价意见进行归纳总结，完成表 4-1-3 的填写。

▼ 表 4-1-3　组间评价表

姓名		组长签名	
项目		记录	
本小组的信息检索能力如何?		良好□　一般□　不足□	
本小组介绍成果时，表达是否清晰合理?		很好□　需要补充□　不清晰□	
本小组成员的团队合作精神如何?		良好□　一般□　不足□	
本小组成员的创新精神如何?		良好□　一般□　不足□	

掌握的技能:

出现的问题:

解决的方法:

二、任务评价

先按表 4-1-4 所列项目进行自评，再由组长对组员进行评价，将结果填入表中。

▼ 表 4-1-4　任务评价表

<table>
<tr><td>班级</td><td></td><td>姓名</td><td></td><td>学号</td><td></td><td>日期</td><td>年　月　日</td></tr>
<tr><td>序号</td><td colspan="5">评价要点</td><td>配分</td><td>自评</td><td>组长评</td></tr>
<tr><td>1</td><td colspan="5">能说出车间场地管理要求</td><td>10</td><td></td><td></td></tr>
<tr><td>2</td><td colspan="5">能说出车间常用设备安全操作规程</td><td>10</td><td></td><td></td></tr>
<tr><td>3</td><td colspan="5">防护用品穿戴整齐，符合着装要求</td><td>10</td><td></td><td></td></tr>
<tr><td>4</td><td colspan="5">了解常见 SLM 工艺 3D 打印设备的工作原理</td><td>40</td><td></td><td></td></tr>
<tr><td>5</td><td colspan="5">安全意识、责任意识强</td><td>6</td><td></td><td></td></tr>
<tr><td>6</td><td colspan="5">积极参加学习活动，按时完成各项任务</td><td>6</td><td></td><td></td></tr>
<tr><td>7</td><td colspan="5">团队合作意识强，善于与人交流和沟通</td><td>6</td><td></td><td></td></tr>
<tr><td>8</td><td colspan="5">自觉遵守劳动纪律，不迟到、不早退、中途不离开实训现场</td><td>6</td><td></td><td></td></tr>
<tr><td>9</td><td colspan="5">严格遵守“6S”管理要求</td><td>6</td><td></td><td></td></tr>
<tr><td colspan="6">总计</td><td>100</td><td></td><td></td></tr>
<tr><td>小结
建议</td><td colspan="8"></td></tr>
</table>

复习巩固

一、填空题

1. SLM 即__________________。

2. SLM 工艺 3D 打印设备采用大功率__________为热源，__________为打印材料。

3. SLM 工艺 3D 打印过程中，为了防止成形产品在急剧升温的情况下与活性气体发生反应影响成形质量，需要向成形腔中通入__________以降低氧气等活性气体的浓度。

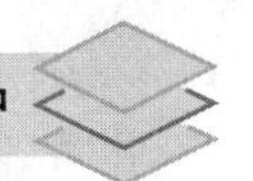

4. SLM 工艺 3D 打印设备的传动结构主要包括__________________、工作台升降传动系统、粉末供应传动系统三个部分。

5. SLM 工艺 3D 打印设备的控制系统主要包括__________________、刮平运动控制系统、工作台升降控制系统、__________________、循环风路控制系统、气体保护控制系统和质量控制系统等。

二、判断题

1. 为保证打印产品的质量，SLM 工艺 3D 打印设备要求粉末刮平传动系统具有较高的直线度。 (　　)

2. 为保证打印产品的质量，SLM 工艺 3D 打印设备要求工作台升降传动系统具有较高的直线度和重复定位精度。 (　　)

三、多项选择题

1. SLM 工艺 3D 打印设备的传动结构主要包括 (　　)。

A. 粉末刮平传动系统　　B. 工作台升降传动系统

C. 粉末供应传动系统　　D. 粉末收集系统

2. SLM 工艺 3D 打印设备的控制系统主要包括 (　　)、循环风路控制系统、气体保护控制系统和质量控制系统等。

A. 激光扫描控制系统　　B. 刮平运动控制系统

C. 工作台升降控制系统　　D. 粉末供应控制系统

任务二　认识 SLM 工艺 3D 打印设备的激光器及保护气体

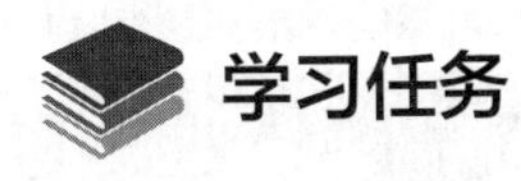

学习任务

本任务是学习 SLM 工艺 3D 打印设备的激光器及气体保护系统，了解激光器的类型及特点、保护气体的类型和保护原理，并能安全、正确操作设备的激光器。

资讯学习

1. SLM 工艺 3D 打印设备用激光器有什么要求?

2. SLM 工艺 3D 打印设备所使用的光纤激光器有哪些特点?

3. 为什么 SLM 工艺 3D 打印设备需要配备气体保护系统?

4. SLM 工艺 3D 打印设备常用的惰性保护气体有哪些?

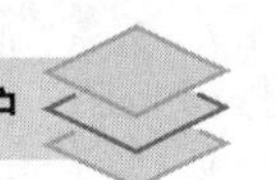

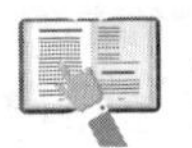

任务准备

1. 完成分组与工作计划制订，并记录在表 4-2-1 中。

▼ 表 4-2-1　小组成员与工作计划

任务名称	目标要求	组员姓名	任务分工	备注
	1. 小组成员分工合作 2. 制订工作的方法与步骤 3. 完成任务			组长
完成任务的方法与步骤				

2. 根据任务要求，以小组为单位领取设备、工具、材料及防护用品等，组员将领到的物品归纳分类并填写在表 4-2-2 中，组长签名确认。

▼ 表 4-2-2　设备、工具、材料及防护用品清单

序号	类别	准备内容	组长签名
1	设备		
2	工具		
3	材料		
4	防护用品		

任务实施

观察 SLM 工艺 3D 打印设备中的激光器并安全、正确操作激光器。在老师的指导下，分阶段将激光器的操作内容和注意事项填写表 4-2-3 中。

▼ 表 4-2-3　操作激光器

序号	阶段	操作内容和注意事项
1	打印前	
2	打印中	
3	打印完成后	

展示与评价

一、成果展示

1. 以小组为单位派代表介绍本组的学习成果，听取并记录其他小组对本组学习成果的评价和建议。

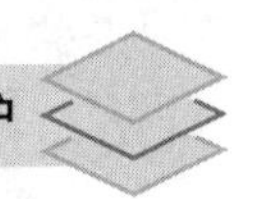

2. 根据其他小组对本组展示成果的评价意见进行归纳总结，完成表 4-2-4 的填写。

▼ 表 4-2-4　组间评价表

姓名		组长签名	
项目		记录	
本小组的信息检索能力如何?		良好□　一般□　不足□	
本小组介绍成果时，表达是否清晰合理?		很好□　需要补充□　不清晰□	
本小组成员的团队合作精神如何?		良好□　一般□　不足□	
本小组成员的创新精神如何?		良好□　一般□　不足□	
掌握的技能: 出现的问题: 解决的方法:			

二、任务评价

先按表 4-2-5 所列项目进行自评，再由组长对组员进行评价，将结果填入表中。

▼ 表 4-2-5　任务评价表

班级		姓名		学号		日期	年　月　日
序号	评价要点				配分	自评	组长评
1	能说出车间场地管理要求				10		
2	能说出车间常用设备安全操作规程				10		
3	防护用品穿戴整齐，符合着装要求				10		
4	了解 SLM 工艺 3D 打印设备的激光器及气体保护系统				40		
5	安全意识、责任意识强				6		
6	积极参加学习活动，按时完成各项任务				6		
7	团队合作意识强，善于与人交流和沟通				6		

续表

序号	评价要点	配分	自评	组长评
8	自觉遵守劳动纪律，不迟到、不早退、中途不离开实训现场	6		
9	严格遵守“6S”管理要求	6		
总计		100		
小结建议				

复习巩固

一、填空题

1. SLM 工艺 3D 打印中，需要使用高能________对金属粉末进行熔化。

2. SLM 工艺 3D 打印设备主要采用________激光器。

3. 根据成形材料的不同，SLM 工艺 3D 打印设备常用的惰性气体包括氮气、________等。

二、判断题

1. 由于 SLM 工艺 3D 打印效率较高，打印过程中不需要惰性气体进行保护。（ ）

2. 氮气和氩气性能相似，但在实际生产中氮气更容易获得。（ ）

3. SLM 工艺 3D 打印过程中应特别注意激光对操作者造成的伤害。（ ）

三、多项选择题

1. SLM 工艺 3D 打印设备所使用的激光器包括（ ）。

A. YAG 激光器　　B. CO_2 激光器

C. 光纤激光器　　D. 固体激光器

2. SLM 工艺 3D 打印设备所使用的激光器的特点包括（ ）。

A. 光束质量好　　B. 效率高

C. 散热特性好　　D. 结构紧凑，可靠性高

3. 根据成形材料的不同，SLM 工艺 3D 打印设备常用的惰性气体包括（ ）。

A. 氮气　　B. 氩气　　C. 氧气　　D. 压缩空气

四、简答题

1. 简述 SLM 工艺 3D 打印设备气体保护系统的作用。

2. 简述光纤激光器的主要特点。

3. 简述光纤激光器的主要应用领域。

任务三　掌握 SLM 工艺 3D 打印设备的操作方法

学习任务

本任务是操作 SLM 工艺 3D 打印设备打印产品，掌握 SLM 工艺 3D 打印设备的正确操作方法，并熟悉操作过程中的注意事项。

资讯学习

1. SLM 工艺 3D 打印设备的操作主要分为哪几个步骤?

2. SLM 工艺 3D 打印设备操作中，开机前准备的内容有哪些?

3. SLM 工艺 3D 打印设备操作中，数据处理的内容有哪些?

4. SLM 工艺 3D 打印设备操作中，材料准备的内容有哪些?

5. SLM 工艺 3D 打印设备打印完成后，清粉取件有哪些注意事项?

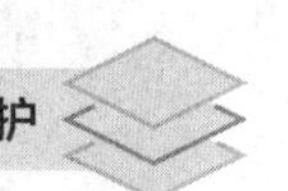

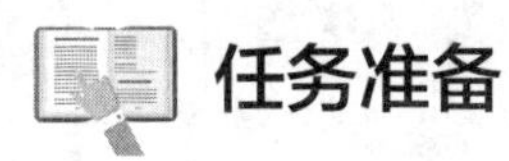

任务准备

1. 完成分组与工作计划制订，并记录在表 4-3-1 中。

▼ 表 4-3-1　小组成员与工作计划

<table>
<tr><th>任务名称</th><th>目标要求</th><th>组员姓名</th><th>任务分工</th><th>备注</th></tr>
<tr><td rowspan="6"></td><td rowspan="6">1. 小组成员分工合作
2. 制订工作的方法与步骤
3. 完成任务</td><td></td><td></td><td>组长</td></tr>
<tr><td></td><td></td><td></td></tr>
<tr><td></td><td></td><td></td></tr>
<tr><td></td><td></td><td></td></tr>
<tr><td></td><td></td><td></td></tr>
<tr><td></td><td></td><td></td></tr>
<tr><td>完成任务的方法与步骤</td><td colspan="4"></td></tr>
</table>

2. 根据任务要求，以小组为单位领取设备、工具、材料及防护用品等，组员将领到的物品归纳分类并填写在表 4-3-2 中，组长签名确认。

▼ 表 4-3-2　设备、工具、材料及防护用品清单

序号	类别	准备内容	组长签名
1	设备		
2	工具		
3	材料		
4	防护用品		
5	安全用品		

任务实施

一、学习 SLM 工艺 3D 打印设备的操作注意事项

在进行 SLM 工艺 3D 打印设备操作前，要了解 SLM 工艺 3D 打印设备的操作注意事项。老师讲解完成后，以小组为单位由组长进行检查，将检查结果记录在表 4-3-3 中，并签名确认。

▼ 表 4-3-3　SLM 工艺 3D 打印设备的操作注意事项

<table>
<tr><td colspan="2">姓名</td><td></td><td>组长签名</td><td></td></tr>
<tr><th>序号</th><th colspan="3">内容</th><th>是否熟记和理解</th></tr>
<tr><td>1</td><td colspan="3">整个操作过程必须佩戴防尘口罩、防护手套等防护用品，吸尘器须使用防爆吸尘器</td><td>是□　否□</td></tr>
<tr><td>2</td><td colspan="3">操作前，应仔细检查设备电路、水路、气路的连接情况，确保电路正常、不漏水、不漏气</td><td>是□　否□</td></tr>
<tr><td>3</td><td colspan="3">操作前，应将激光窗口镜擦拭干净，清理溢粉口，并留有足够的回收粉末空间</td><td>是□　否□</td></tr>
<tr><td>4</td><td colspan="3">设备工作时，禁止开启成形腔舱门。打印时，切勿直视激光，必须佩戴防激光护目镜，或通过防护玻璃观察成形状态</td><td>是□　否□</td></tr>
<tr><td>5</td><td colspan="3">打印完成后，待产品冷却半小时，打开舱门取出产品。若不再进行打印，应将粉末及时清理出来，筛好密封以防粉末被氧化</td><td>是□　否□</td></tr>
<tr><td>6</td><td colspan="3">使用同一基体、不同牌号的合金粉末（如不同牌号的铝合金）打印时，可以不更换滤芯；但使用不同基体的耗材（如铝合金和不锈钢）打印时，必须更换滤芯</td><td>是□　否□</td></tr>
</table>

二、学习 SLM 工艺 3D 打印设备的操作方法

在了解 SLM 工艺 3D 打印设备的操作步骤并理解其操作注意事项后，对照教材并在老师的指导下，按照 SLM 工艺 3D 打印设备的操作流程描述具体操作内容，并由老师或同学检查描述是否正确，将检查结果填写在表 4-3-4 中。

▼ 表 4-3-4　SLM 工艺 3D 打印设备的操作方法

<table>
<tr><th>序号</th><th colspan="2">步骤</th><th>操作内容</th><th>检查结果</th></tr>
<tr><td rowspan="12">1</td><td rowspan="12">设备开机</td><td rowspan="6">开机前准备</td><td>检查惰性气体气量和纯度</td><td></td></tr>
<tr><td>检查激光水冷机水位</td><td></td></tr>
<tr><td>检查环境温度和湿度</td><td></td></tr>
<tr><td>检查建造粉末残留</td><td></td></tr>
<tr><td>检查工作场地消防措施</td><td></td></tr>
<tr><td>检查劳动保护</td><td></td></tr>
<tr><td rowspan="2">通电开机</td><td>将主电源开关旋至“On”状态</td><td></td></tr>
<tr><td>打开激光水冷机的电源开关，确保激光水冷机处于工作状态</td><td></td></tr>
<tr><td rowspan="4">检测氧气传感器有效性</td><td>打开 MakeStar M 软件，进入主界面</td><td></td></tr>
<tr><td>按下门锁按钮，打开成形腔舱门，等待软件界面显示腔体内氧气含量值高于 19%</td><td></td></tr>
<tr><td>长按操作面板上的照明按钮 10 s</td><td></td></tr>
<tr><td>等待至少 40 s，直到显示氧气传感器工作正常</td><td></td></tr>
<tr><td rowspan="4">2</td><td colspan="2" rowspan="4">数据处理</td><td>将 STL 格式模型文件拷贝到工业控制计算机中</td><td></td></tr>
<tr><td>打开 BuildStar 软件，进入主界面</td><td></td></tr>
<tr><td>确定建造所用的材料</td><td></td></tr>
<tr><td>导入工件，找到 STL 格式模型文件并添加到软件建造区内</td><td></td></tr>
<tr><td>3</td><td colspan="2">材料准备</td><td>粉末过筛</td><td></td></tr>
<tr><td rowspan="9">4</td><td colspan="2" rowspan="9">产品打印</td><td>打开 MakeStar M 软件，进入主界面</td><td></td></tr>
<tr><td>进入手动模式界面</td><td></td></tr>
<tr><td>调平刮刀</td><td></td></tr>
<tr><td>更换建造基板</td><td></td></tr>
<tr><td>调校基板与刮刀的平行度</td><td></td></tr>
<tr><td>铺平粉末</td><td></td></tr>
<tr><td>清洁激光窗口镜</td><td></td></tr>
<tr><td>建造前准备</td><td></td></tr>
<tr><td>运行自动建造</td><td></td></tr>
<tr><td rowspan="4">5</td><td colspan="2" rowspan="4">清粉取件</td><td>清粉</td><td></td></tr>
<tr><td>取出工件</td><td></td></tr>
<tr><td>分离工件</td><td></td></tr>
<tr><td>处理粉末</td><td></td></tr>
</table>

展示与评价

一、成果展示

1. 以小组为单位派代表介绍本组的学习成果，听取并记录其他小组对本组学习成果的评价和建议。

2. 根据其他小组对本组展示成果的评价意见进行归纳总结，完成表 4-3-5 的填写。

▼ 表 4-3-5　组间评价表

姓名		组长签名	
项目		记录	
本小组的信息检索能力如何?		良好□　一般□　不足□	
本小组介绍成果时，表达是否清晰合理?		很好□　需要补充□　不清晰□	
本小组成员的团队合作精神如何?		良好□　一般□　不足□	
本小组成员的创新精神如何?		良好□　一般□　不足□	
掌握的技能: 出现的问题: 解决的方法:			

二、任务评价

先按表 4-3-6 所列项目进行自评，再由组长对组员进行评价，将结果填入表中。

▼ 表 4-3-6　任务评价表

班级		姓名		学号		日期	年　月　日
序号	**评价要点**				**配分**	**自评**	**组长评**
1	能说出车间场地管理要求				10		
2	能说出车间常用设备安全操作规程				10		
3	防护用品穿戴整齐，符合着装要求				10		
4	掌握 SLM 工艺 3D 打印设备的操作方法				40		
5	安全意识、责任意识强				6		
6	积极参加学习活动，按时完成各项任务				6		
7	团队合作意识强，善于与人交流和沟通				6		
8	自觉遵守劳动纪律，不迟到、不早退、中途不离开实训现场				6		
9	严格遵守“6S”管理要求				6		
总计					100		
小结建议							

复习巩固

一、填空题

1. SLM 工艺 3D 打印设备的操作步骤主要分为＿＿＿＿＿＿、通电开机、检测氧气传感器有效性、数据处理、材料准备、产品打印和＿＿＿＿＿＿。

2. SLM 工艺 3D 打印设备应处于非密闭且通风良好的工作环境，环境温度应稳定在＿＿＿＿℃。

3. SLM 工艺 3D 打印使用的氩气要求纯度为＿＿＿＿以上。

4. SLM 工艺 3D 打印设备激光水冷机的冷却水为＿＿＿＿。

5. SLM 工艺 3D 打印设备的工作场地必须配备________灭火器。

6. 严禁使用硬纸或粗布擦拭 SLM 工艺 3D 打印设备的镜头，以免___________。

二、判断题

1. SLM 工艺 3D 打印设备的氧气传感器主要是控制含氧量，含氧量越高越有利于加工。（　　）

2. SLM 工艺 3D 打印设备打印一旦开始，便不能进行其他操作，如填粉、暂停等。（　　）

3. SLM 工艺 3D 打印设备打印完成后，应立即打开舱门尽快冷却。（　　）

4. SLM 工艺 3D 打印设备的整个操作过程必须佩戴防尘口罩、防护手套等防护用品，吸尘器须使用防爆吸尘器。（　　）

5. SLM 工艺 3D 打印设备在使用过程中决不能同一基体、不同牌号的合金粉末混用，否则容易损坏打印设备。（　　）

6. SLM 工艺 3D 打印设备在打印前，应仔细检查设备电路、水路、气路的连接情况，确保电路正常、不漏水、不漏气。（　　）

7. SLM 工艺 3D 打印设备打印完成后，若不再继续进行打印，应将粉末及时清理出来，筛好密封以防粉末被氧化。（　　）

8. SLM 工艺 3D 打印设备工作时，禁止开启成形腔舱门。打印时，切勿直视激光，必须佩戴防激光护目镜，或通过防护玻璃观察成形状态。（　　）

三、单项选择题

1. SLM 工艺 3D 打印设备打印完成后，待产品冷却半小时，打开舱门取出产品。清理粉末时，必须佩戴（　　）、防护手套等防护用品，吸尘器须使用防爆吸尘器。

A. 防尘口罩　　B. 医用口罩　　C. 呼吸机　　D. 照明头灯

2. SLM 工艺 3D 打印设备在工作时切勿直视激光，必须佩戴防激光护目镜，或通过防护玻璃观察成形状态的原因是（　　）。

A. 激光亮度高　　B. 激光容易对眼睛造成伤害

C. 激光移动速度太快

四、简答题

1. SLM 工艺 3D 打印设备操作中，清粉有哪些要求？

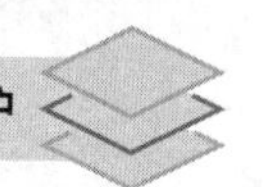

2. 简述 SLM 工艺 3D 打印设备的操作注意事项。

3. SLM 工艺 3D 打印中，为了节约材料，不同金属粉材可以混合使用。这种说法正确吗？为什么？

任务四　掌握 SLM 工艺 3D 打印设备的维护方法

学习任务

本任务是学习 SLM 工艺 3D 打印设备的维护方法，定期对设备进行日常维护。

资讯学习

SLM 工艺 3D 打印设备的维护内容，按频率可分为日常维护、季度维护和年度维护。对照教材并在老师的指导下，将各类维护的操作内容填写在表 4-4-1 中。

▼ 表 4-4-1　SLM 工艺 3D 打印设备的维护内容

序号	项目	操作内容
1	日常维护	
2	季度维护	
3	年度维护	

任务准备

1. 完成分组与工作计划制订，并记录在表 4-4-2 中。

▼ 表 4-4-2　小组成员与工作计划

任务名称	目标要求	组员姓名	任务分工	备注
	1. 小组成员分工合作 2. 制订工作的方法与步骤 3. 完成任务			组长
完成任务的方法与步骤				

2. 根据任务要求，以小组为单位领取设备、工具、材料及防护用品等，组员将领到的物品归纳分类并填写在表 4-4-3 中，组长签名确认。

▼ 表 4-4-3　设备、工具、材料及防护用品清单

序号	类别	准备内容	组长签名
1	设备		
2	工具		
3	材料		
4	防护用品		

任务实施

在 SLM 工艺 3D 打印设备日常维护中，粉末清理与更换尤为关键。对照教材并在老师的指导下，将 SLM 工艺 3D 打印设备粉末清理的操作内容和注意事项填写在表 4-4-4 中。

▼ 表 4-4-4　粉末清理

序号	步骤	操作内容和注意事项
1	成形腔和成形轴清洗	
2	剩余粉末筛滤	
3	气路循环管道和供粉缸清洗	

展示与评价

一、成果展示

1. 以小组为单位派代表介绍本组的学习成果，听取并记录其他小组对本组学习成果的评价和建议。

2. 根据其他小组对本组展示成果的评价意见进行归纳总结，完成表 4-4-5 的填写。

▼ 表 4-4-5　组间评价表

姓名		组长签名	
项目		记录	
本小组的信息检索能力如何?		良好□　一般□　不足□	
本小组介绍成果时，表达是否清晰合理?		很好□　需要补充□　不清晰□	

续表

项目	记录
本小组成员的团队合作精神如何?	良好□　一般□　不足□
本小组成员的创新精神如何?	良好□　一般□　不足□

掌握的技能:

出现的问题:

解决的方法:

二、任务评价

先按表 4-4-6 所列项目进行自评，再由组长对组员进行评价，将结果填入表中。

▼ 表 4-4-6　任务评价表

班级		姓名		学号		日期	年　月　日
序号	评价要点				配分	自评	组长评
1	能说出车间场地管理要求				10		
2	能说出车间常用设备安全操作规程				10		
3	防护用品穿戴整齐，符合着装要求				10		
4	掌握 SLM 工艺 3D 打印设备的维护方法				40		
5	安全意识、责任意识强				6		
6	积极参加学习活动，按时完成各项任务				6		
7	团队合作意识强，善于与人交流和沟通				6		
8	自觉遵守劳动纪律，不迟到、不早退、中途不离开实训现场				6		
9	严格遵守“6S”管理要求				6		
总计					100		
小结建议							

复习巩固

一、填空题

1. SLM 工艺 3D 打印设备的维护内容，按频率可分为____________、____________和年度维护。

2. SLM 工艺 3D 打印设备的激光水冷机冷却水须用__________，不能使用自来水。

3. SLM 工艺 3D 打印设备使用过的滤芯极易燃烧，更换时必须穿戴________________、________________和防静电鞋。

二、判断题

1. 在 SLM 工艺 3D 打印设备日常维护中，粉末清理与更换属于不关键内容。（　　）

2. SLM 工艺 3D 打印设备打印完成后，剩余粉末材料尽量不进行二次利用。（　　）

3. SLM 工艺 3D 打印设备打印完成后，为保证粉末材料洁净度和有效性，需对成形腔与成形轴上的粉末及时进行清理，并对剩余粉末进行筛滤。（　　）

4. SLM 工艺 3D 打印设备的气路循环管道和供粉缸需要拆卸后用水清洗，并在风干处理后更换滤芯。（　　）

5. 更换 SLM 工艺 3D 打印设备的密封圈时应当将金属粉末清理干净，以免造成二次污染。（　　）

三、单项选择题

1. 由于 SLM 工艺 3D 打印设备使用过的滤芯极易（　　），更换时必须穿戴防火服、防火手套和防静电鞋。

A. 燃烧　　B. 爆炸　　C. 脏　　D. 碎

2. SLM 工艺 3D 打印设备的气路循环管道和供粉缸需要拆卸后用（　　）清洗，并在风干处理后更换滤芯。

A. 水　　B. 酒精　　C. 机油　　D. 清洁剂

四、简答题

1. SLM 工艺 3D 打印设备的日常维护主要有什么内容?

2. SLM 工艺 3D 打印设备的季度维护主要有什么内容?

3. 激光水冷机水位不达标会导致什么后果?